潘鸿生 ◎ 编著

为人处世智慧书

北京工业大学出版社

图书在版编目（CIP）数据

为人处世智慧书 / 潘鸿生编著. —北京：北京工业大学出版社，2017.6（2022.3 重印）
ISBN 978-7-5639-5472-8

Ⅰ.①为… Ⅱ.①潘… Ⅲ.①人生哲学－通俗读物 Ⅳ.①B821-49

中国版本图书馆 CIP 数据核字（2017）第 111877 号

为人处世智慧书

编　　著：潘鸿生
责任编辑：马潇潇
封面设计：胡椒书衣
出版发行：北京工业大学出版社
　　　　　（北京市朝阳区平乐园 100 号　邮编：100124）
　　　　　010－67391722（传真）　bgdcbs@sina.com
经销单位：全国各地新华书店
承印单位：唐山市铭诚印刷有限公司
开　　本：787 毫米 ×1092 毫米　1/16
印　　张：14
字　　数：202 千字
版　　次：2017 年 6 月第 1 版
印　　次：2022 年 3 月第 2 次印刷
标准书号：ISBN 978-7-5639-5472-8
定　　价：39.80 元

版权所有　翻印必究
（如发现印装质量问题，请寄本社发行部调换 010－67391106）

前　　言

为人处世是人生的必修课。一个人的成功需要很多因素来促成，学历、背景、机遇等，其中尤其不能忽视的是为人处世的能力——奉行什么样的做人准则，拥有什么样的交际圈子。从一定程度上说，为人处世的水平，决定着一个人生活、工作、事业等诸多方面所能达到的高度。

人类社会的群体性，决定了个体不能只顾自己，个体之间必然产生联系，学会为人处世就显得尤为重要。当今社会，经济的飞速发展带来了人际关系的重构，一个人一生所面临的各种关系比以前更复杂，变化也更快。这就要求我们头脑更灵活，能更快地适应社会，我们要花费更多的心思，动用更多的方法去经营好周围的人际关系。所以说，学会为人处世，巧妙地处理人际关系，这不仅在生活上会为你提供帮助，更是在事业上为你增砖添瓦，帮助你早日实现人生理想。

世事洞明皆学问。掌握了为人处世的方法，才能达到无往不利、左右逢源的高超境界，但别人的为人处世之道绝不是金科玉律，"这好比下象棋，即使你学会了所有的规律，你也不一定能玩得好"。如果你要想让人生充实一点，让成功的可能大一点，现实而又积极的做法是，采百家之言，"择其善者而从之"。然后自己在实践中去感受、去体验，只有这样，你才能不断发现自身缺陷，从而一步步完善为人处世的技术。

　　为人处世是一件很微妙的事情，这里面没什么深奥的理论，但其中的学问很多人终其一生也未必能掌握一二。"运用之妙，存乎一心"，话说起来简单，真正做到取舍得当，还需要更加用心去揣摩和体会。如果你的人生屡遭挫折，自己又不知道障碍在哪里，你将从本书中获得答案。如果你目前正值春风得意，好运连连，那么书中所提到的为人处世方法和技巧会帮你如虎添翼，你的人生将更上一层楼。

目 录

第一章 打造个性魅力，拥有足够的吸引力

注重首因效应，以良好的第一印象打动人心 …………… 003
有"礼"走遍天下，有礼貌的人才受欢迎 ……………… 006
自信的人最具魅力，用自信赢得人心 …………………… 008
将微笑时常挂在脸上，你就会人见人爱 ………………… 011
你的气场越强，吸引力越大 ……………………………… 013

第二章 优良的品格，让人心甘情愿追随你

品德为先，别忘了给自己攒人品 ………………………… 019
心胸似海，宽容别人也是给自己机会 …………………… 023
懂得谦逊，才是真正懂得积蓄力量 ……………………… 027

一诺千金，说到就要做到 ……………………………… 031

即使春风得意，也不要得意忘形 …………………… 035

一个人越善良和气，对别人的吸引力越大 ………… 038

保持诚实的品质，就能获得他人的信赖 …………… 040

第三章　广结人缘，吸引资源形成强大的人际磁场

与其锦上添花，不如雪中送炭 ……………………… 045

开启人情账户，建立情感密码 ……………………… 049

懂得尊重他人，你才能获得更多朋友 ……………… 050

要想钓到鱼，就必须学习像鱼一样思考 …………… 054

时刻怀有感恩的心，何愁没有良好的人际关系 …… 056

真诚地关心别人，会让你更受欢迎 ………………… 060

第四章　互利共赢，你的人际吸引力会更强

人际交往的最高境界是"互利" …………………… 067

帮助别人，你会获得更多 …………………………… 070

学会分享，任何时候都不要"吃独食" …………… 074

别占小便宜，容易吃大亏 …………………………… 077

社交的本质就是帮助他人成功，同时让自己更成功 ……… 080

第五章　正确表达自己，你才会更有吸引力

非凡的谈吐，总能让人另眼相看 ……………………… 085
真心地称赞他人，即使是很小的优点 ………………… 089
做一个好的听众，让对方畅所欲言 …………………… 092
投其所好，谈对方感兴趣的话题 ……………………… 095
善用肢体语言，为你平添无限魅力 …………………… 099
说服即是吸引，说服他人改变想法 …………………… 102

第六章　积极的思想，为你吸引正能量

剔除消极想法，用积极的力量创造奇迹 ……………… 109
相信"命由己定不由天"，我的命运我做主 ………… 113
拥有不懈努力的精神，才能守得云开见月明 ………… 116
凡事往好的方面想，内心便充满阳光 ………………… 120
信念是成就之源，学会给自己树立信念 ……………… 122
点燃你的热情，为人生增添光彩 ……………………… 125

第七章 掌控情绪，重塑你的心灵能量圈

成功者控制情绪，失败者被情绪所控 ………………… 131

淡定从容，处事不惊 ……………………………………… 133

隐忍以图强，忍辱以负重 ………………………………… 137

调节情绪，从焦虑中解脱出来 …………………………… 141

转换不良情绪，摆脱压力的困扰 ………………………… 145

不怕失败，勇于承受失败的打击 ………………………… 147

第八章 职场吸引力，让别人感受到你的能量

对工作负责，让自己散发无限的人格魅力 ……………… 153

每天多做一点事，你会更有吸引力 ……………………… 156

用你的忠诚，赢得他人的青睐 …………………………… 160

保持专注，集中精力处理好每件事 ……………………… 165

享受工作的乐趣，让人感受到你拥有的能量 …………… 167

第九章 豁达从容，改变你生活状态的法宝

拿得起是能力，放得下是智慧 …………………………… 173

目 录

人一旦拥有了快乐，也就拥有了幸福 175
幸福是一种心灵的感受 177
得之坦然，失之泰然，顺其自然 179
大道至简，学会享受简单生活 181
所谓的完美只存在于童话故事里 183

第十章　调整自我，你会成为你想成为的人

习惯决定行为，行为产生结果 189
自我激励，用左手温暖右手 192
勇于挑战，幸运之神才会青睐你 195
只要用心去做，一切皆有可能 197
行大于思，让行动见证卓越 199
将压力转换为成功的动力 203
改进自己，反思才能让你日臻完美 206

第一章 打造个性魅力,拥有足够的吸引力

第一章　打造个性魅力，拥有足够的吸引力

注重首因效应，以良好的第一印象打动人心

　　心理学上有一个名词叫首因效应，它是说，两个人初次见面，总要先互相打量一番，这就产生了"第一印象"。人与人之间的交往，总是以第一印象为媒介进行的，它在很大程度上决定着我们对待他人的态度和行为。在社交活动中，我们可以利用这种效应，展示给人一种好的形象，为以后的交流和沟通打下良好的基础。

　　所谓第一印象是对不熟悉的对象第一次接触后形成的印象。初次见面时，对方的仪表、风度所给我们的最初印象往往影响着彼此日后的沟通与交往。一般人通常根据最初印象而将他人加以归类，然后再从这一类别系统中对这个人加以推论与做出判断。人与人之间的相互交往、人际关系的建立，往往是根据第一印象为基础而进行的。

　　某家大公司招聘秘书，瞿晓鑫去面试。但是她在乘车时，不小心刮破了丝袜，左脚脚踝上出现了一个小洞。应聘单位的办公楼下正好有个商店可以买新的丝袜，但是瞿晓鑫觉得破洞在脚踝上，而且又不明显，谁会注意它呢。所以她就没在意，径直走进了公司。

　　然而，就是因为这个不起眼的小洞，瞿晓鑫给面试官留下了一个不好的第一印象，因而没被选聘。面试官认为，秘书工作是需要耐心和细心的，而一个对自己仪表都不在乎的人，不可能会对工作细心和有耐心。瞿晓鑫知道后后悔莫及。

有一句话是这样说的：第一印象永远不可能有第二次机会。可见，良好的第一印象是交际成功、和谐人际关系的良好开端。第一次与人沟通时为他人留下的良好印象是后续成功发展彼此关系的关键。人们对你形成的第一印象，通常难以改变。而且，人们还会寻找更多的理由去支持这种印象。因此，初次见面就给人留下不好的印象的人，通常是不讨人喜欢的人，而第一次交往就给人留下美好印象的人，更容易受人欢迎。

"良好的开端是成功的一半。"人际交往的开端——第一印象，同样会决定一个人的交往命运。第一印象是在人际交往中对方得到的关于你的最初印象，第一印象的好坏往往决定交往的成败。

张立军是某公司销售部西北地区的负责人，因为工作需要，他要到一家公司与经理面谈。

张立军到那个经理办公室的时候，正赶上经理在批评下属。那个经理对着犯错的下属咆哮着，毫不顾及张立军的来访。等训斥完了，他还大声地命令下属"马上滚蛋"。这个经理的行为让张立军感到异常的不舒服，他觉得自己来错了。晚上，经理和他的下属宴请张立军，陪同的人员里有一个人不擅长喝酒。"不会喝酒的男人，哪里是真的男人？！"经理不满地斥责下属，也不管饭桌上这样做是否合适。这让张立军十分尴尬，只好靠转移话题来化解。但是张立军没想到酒过三巡的时候，那个经理又开始批评饭桌上的酒菜，甚至还用带着明显奉承的口气对张立军家乡的饮食大加赞赏。张立军心里很清楚，这个经理的过度夸张，无非是为了要讨好他。张立军回去后，马上终止了和这家公司的合作，因为在他看来，这家公司的经理留给他的简直是无法容忍、糟糕透顶的第一印象。张立军根本不敢想象要和如此不懂得为人基本礼貌的人进行合作会有怎样的后果，他认为这样的人迟早会被残酷的商场所

第一章　打造个性魅力，拥有足够的吸引力

淘汰。

一个人的第一印象往往会给对方留下很深的烙印，如果你在第一次交往中给别人留下了一个好印象，别人就乐于跟你进行第二次交往；相反，如果你在第一次交往中表现不佳或很差，往往很难与别人保持长久的交往关系。因此，在与人的初次交往过程中，要注意给人以良好的第一印象。

卡耐基说过："良好的第一印象是登堂入室的门票。"不可否认，给他人留下的第一印象的好坏直接影响着你在他人心目中受欢迎的程度。美国心理学家亚瑟所做有关第一印象的研究中指出，人们在会面之初所获得的对他人的印象，往往与以后对他人所产生的印象相一致。那么，怎样才能给人留下良好的第一印象呢？从根本上说，它离不开提高自己的教育程度和修养水平，离不开要进行经常的心理锻炼。心理学家提出下面几条建议：

1. 注意仪表：仪表是一个人内部思想的外在体现，它反映了个体内在的修养。得体的仪表，是展现个人魅力的重要手段之一。因为第一次见面，别人是没办法去了解你的内在美的，而你体现在着装上的特点可以让别人了解你。如果你穿着得体，那就会给别人留下一个好的印象。注意自己的穿着，不一定要穿上流行、时髦的衣服，只要穿着整洁，合适你的性格和体型的衣服就可以了。

2. 注意谈吐：一个人的谈吐可以充分体现其魅力、才学及修养。一个人有没有才学，最容易从讲话中表现出来。在社交时，要注意环境气氛，绝不要喧宾夺主、自说自话。风趣，幽默的言谈给人以听觉的享受和心灵的美感。

3. 展现风度：风度是一个人的性格和气质的外在表现，是在长期的社会实践中所形成的属于一个人的外部形态。要有美的风度，关键在于个人在实践中要培养自身的美的本质，形成美的心灵。古人早就说过："诚于中而形于外。"心里诚实，才有老实的样子。当然，人的风度是多样的，不能强求

一律。人的风度的多样性，是为人的性格、气质的多样性所决定的。但是，无论性格、气质的多样性也好，还是风度的多样性也好，都应当体现出人的美的本质。只有拥有美的心灵，美的性格、气质，才能有美的风度。

4. 注意行为举止：行为动作是一个人内在气质、修养的表现。男子的举止要潇洒，刚强。女子的举止要注意优美，含蓄。在一般情况下，大方、随和、乐观、热情的人总会受人欢迎；炫耀、粗鲁或过于拘束的人则让人生厌。

有"礼"走遍天下，有礼貌的人才受欢迎

我国历来有"礼仪之邦"的美誉，礼貌待人是中华民族的传统美德之一，礼貌代表一个人的文明程度。尤其在当今社会，当你具备了很好的礼貌，掌握了相应的礼仪知识后，你做事就很顺利，就能享受到生活的快乐和成功的喜悦；如果你没有很好的礼貌，你就会被别人视为缺乏教养的人而排斥，甚至惹出不愉快的事情来，自己也得不到丝毫的好处。正如列宁所说："礼貌是数百年来人们就知道的，在一切处世格言上反复谈到的起码的公共生活原则。"因此我们必须养成礼貌待人的好习惯。

礼貌是通过语言或行动表现出来的对他人的尊敬，反映了这个人的道德品质和文化素养，是内在美的表现。有的人相貌并不美，但很讨人喜欢，重要原因之一就是他对人态度文雅热情，说话文明和气，举止端庄大方，使人愿意亲近他。

《诗经》上说："谦谦君子，赐我百朋。"只有懂得礼仪的人才能获

第一章　打造个性魅力，拥有足够的吸引力

得更多的朋友。礼多人不怪，人们都将一个人的礼貌程度作为其社会地位和受教育程度的检验标准。文雅、和气、宽容的语言，不但温暖人们的心灵，而且反映了一个人的思想和文化修养。正如俗话所说：礼到人心暖，无礼讨人嫌。

有两个女孩，是同一所师范学校的毕业生，一次，这两个女孩去一家公司找同学。这家公司的办公室是开放式的，一间大屋里有七八名员工，平日里大家交流、打电话都非常小声，以免相互影响。不想这两个女孩一进屋却如入旷野，大声呼喝同学的名字，而且大大咧咧地高谈阔论、左瞅右摸，一副比主人还主人的样子。

两个女孩的言谈举止在人们的心中留下了不那么美好的印象，而且这种印象有意无意间波及她们的同学，让那位同学也因此觉得自己矮了一截。

生活中有很多这样的例子：仅仅因为一个小小的礼貌疏忽，便使自己的形象在别人的心目中大打折扣。相反，一个有礼貌的人很容易就会被别人认可、接受，这既可以给别人带来温暖，也会使自己变得十分愉快。学会讲礼貌，我们会觉得生活是和谐、有趣的，成功也会因此变得不再遥远。

歌德说："一个人的礼貌是一面照出他肖像的镜子。"一个人是否讲礼貌，绝不只是无足轻重的小事，它表明一个人是否具有良好的道德修养。我们有了礼貌，就有了与人交往的亲和力。

一位很有名的剧院经理来拜访大仲马。一见面，他连帽子也没脱下，就急切地问这位剧作家为什么把最新的剧本卖给一家小剧院的经理。大仲马承认有这么回事。这位经理于是出了一个远远胜于他对手的价格，想把剧本买回来，大仲马笑了笑说："其实你的那位同行用了一

个很简单的方法，就以很低的价格把剧本买走了。"

"那是怎么回事？"

"因为他以与我交往为荣，并且一见面就脱下了帽子。"

礼貌是一种智慧的体现，这种平和与内敛表达着对别人的尊重，不会引起对方的反感，也就自然地给自己扩开了很大的回旋空间。

遗憾的是，讲礼貌常常被人们视为小节而忽视。但在我们认清了礼貌的价值之后，就不能再等闲视之了。我们必须培养自己的礼貌，一方面要加强内心的修养，一方面要从小事做起，使礼貌成为一种习惯，融入我们的日常行为之中。

自信的人最具魅力，用自信赢得人心

自信是人际交往的一个基础。一个人拥有了自信，便获得了感染、影响他人的力量。自信的人一般都比较善于表现自己，而善于表现自己的人能够通过自己适当的表现获得周围人的认可。

自信是一种感觉，拥有这种感觉，人们才能怀着坚定的信念和希望，开始伟大而光荣的事业。自信的人，并不是处处比别人强的人，而是对事有把握，知道自己的存在有价值，知道自己对环境是有影响力的人。自信的人具有较强的自我管理能力，懂得如何安排自己的优势和弱势，而且在自信的心态下，他的优势更容易激发出来。

第一章　打造个性魅力，拥有足够的吸引力

美国IBM（国际商业机器公司）公司曾举行过一场大型的招聘会，在招聘现场云集了众多的行业精英，每个招聘岗位前都排着长长的队伍。一个美国小伙儿看着自己前面排着的众多应聘者，深吸一口气，鼓足勇气来到队伍的最前面，他站在面试官的面前说："请您在面试到我之前不要轻易地做决定，否则您会让公司失去一个难得的天才。"说完后，他又站回到自己在队伍中的位置。面试官先是一愣，随后饶有兴趣地等待着这个大胆的小伙子的表现。漫长的等待过后，小伙子终于站在了面试官的面前，他面对面试官侃侃而谈，他的一言一行都充满了自信。最后的结果是这个小伙子在众多应聘者中脱颖而出，正式成为IBM公司的一员。他的自信征服了面试官，为自己赢得了最终的胜利。

自信体现了一个人的人格魅力。自信的人，言谈举止中所流露和表达出的是一种激情，是一种催人奋进的豪迈，是一种无形的力量，这种力量的迸发能使人坚定沉着、冷静果敢。同时，你的自信也会感染他人，吸引他人的注意力，这还会对你的事业发展有着巨大的推动作用。

一位心理学家说过："相信自己美的人会越来越美。"因为相信自己美，你就会大大方方地从事各种活动，在活动中展示自己的特长；相信自己美，你就会心情愉快、活得潇洒。笑脸比哭脸美，自信的人比自卑的人有魅力。

小泽征尔是世界著名的交响乐指挥家。在一次世界优秀指挥家大赛的决赛中，他按照评委会给的乐谱指挥演奏，但他敏锐地发现了不和谐的声音。起初，他以为是乐队演奏出了错误，就停下来重新演奏，但还是不对。他觉得是乐谱有问题。这时，在场的作曲家和评委会的权威人士坚持说乐谱绝对没有问题，是他错了。面对音乐大师和权威人士，他思考再三，最后斩钉截铁地大声说："不！一定是乐谱错了！"话音刚

落,评委席上的评委们立即站起来,报以热烈的掌声,祝贺他在大赛中夺魁。

原来,这是评委们精心设计的"圈套",以此来检验指挥家在发现乐谱错误并遭到权威人士否定的情况下,是否能够自信地坚持自己的正确主张。前两位参加决赛的指挥家虽然也发现了错误,但终因随声附和权威们的意见而被淘汰。小泽征尔却因充满自信地坚持了自己的观点而摘取了世界指挥家大赛的桂冠。

自信是对自己能力的一种肯定,能为我们带来成功,带来胜利,同时也向外界显示了自己的实力。如果你对自己没有信心,那么你将永远无法到达成功的彼岸。

坚定地相信自己,这就是所有取得了伟大成就的人所拥有的共性。相信自己,就是相信自己的优势,相信自己的能力,相信自己有权占据一个空间。赢得别人信任的最好方式就是首先要自信。

以下是帮助我们建立自信的几种方法:

1. 正确看待自己的优缺点。信心不足的人总是看到自己的缺点,而很少看到自己的优点。总喜欢用自己的缺点与别人的长处相比较,这样做常常导致情绪低落,自信心缺乏。其实,我们不需要为自己的不足而整天自责,而要相信"天生我材必有用",即使自己因失败而陷入自责时,也请你提醒自己,换一个角度看问题,把自责变为鼓励。心理学家告诉我们:做自己的伯乐,善于发现自己的优点,及时激励自己,你的自信心一定会大增。

2. 轻易不要放弃。信心是在不断的努力、不断的进步中逐步建立的,中途放弃、半途而废是造成一个人缺乏自信的重要原因。所以,凡是你认为应该做而且已经着手做了的事情,就不要轻言放弃。

3. 学会自我激励。人的自信是一种内在的美,需要由你个人来把握和展现。所以,在建立自信的过程中,一定要学会自我激励。自我激励,就是要给自己一个习惯性的意念。别人能行，相信自己也能行；其他人能做到的事，相信自己也能做到。平时要经常激励自己："我行，我能行，我一定能行。我是最好的，我是最棒的。"特别是遇到困难时要反复激励告诫自己。这样，就会通过自我积极的暗示来鼓舞自己的斗志，增加心理力量，使自己逐渐树立起自信心。

4. 提升自己的外在形象。俗话说"人靠衣着马靠鞍"，一身光彩的衣着，是你建立自信的基础。一套笔挺的西装会使一个男子汉庄重起来，一袭长裙会使一个女性的举手投足都显得靓丽、迷人。因此，漂亮的仪表能够得到别人的夸奖和好评，提高人的精神风貌和自信心。所以，平时要学会多注意自己的仪表，保持发型美观，衣着整洁、大方。当你的仪表得到别人的夸赞时，你的自信心一定会增强。

5. 睁大眼睛，正视别人。不敢正视别人，意味着自卑、胆怯、恐惧。正视别人等于告诉对方："我是诚实的，光明正大的；我非常尊重你。"因此，正视别人，是自信的表现，是个人魅力的展示。

将微笑时常挂在脸上，你就会人见人爱

生活离不开微笑，微笑是善良的表现，微笑是真诚的流露，微笑是沟通人与人心灵的调和剂。微微地一笑，可以代替多少解释，化解多少误会，又会得到多少理解和尊重呢？凡是经常面带微笑的人，往往能将别人吸引住，使人感到愉快。

微笑是人类面孔上最动人的一种表情，是社交生活中美好而无声的语

言，它来源于人们心地的善良、宽容和无私，表现的是一种坦荡和大度。微笑是成功者的一张名片，微笑是人际关系的黏合剂，也是化敌为友的一剂良方。微笑是对别人的尊重，也是对爱心和诚心的一种礼赞。

有一位叫玛丽的小姐去参加法国一家航空公司的招聘。当然，她没有关系，也没有熟人介绍，也没有先去打点，完全是凭着自己的本领去争取这份工作。结果她被聘用，原因很简单，那就是因为玛丽小姐脸上总带着微笑。

令玛丽惊讶的是，面试的时候，主试者在讲话时总是故意把身体转过去背对着她。你不要误会这位主试者这样做是因为不懂得礼貌，而是他在体会玛丽的微笑，感受玛丽的微笑。因为玛丽的工作是帮助顾客处理有关预约、取消、更换或确定航班的事情，所以对客人的态度非常重要。

那位主考者微笑着对玛丽说："小姐，你被录用了。你最大的资本是你脸上的微笑，你要在将来的工作中充分运用它，让每一位顾客都能体会到你的微笑带来的力量。"

微笑具有挡不住的魅力。一位学者说："对人微笑是高超的社交技巧之一，也是获得幸福的保障。只要活着、忙着、工作着，就不能不微笑……"

微笑是世界上最美的表情之一，是最动听的无声的语言，社交中最有力的武器。要想在社交中成为主角，就必须牢牢地把握住最有力的武器——微笑。无论你在什么地方，无论你在做什么，简单的一个微笑是一种最为普及的语言，它能够消除人与人之间的隔阂。人与人之间的最短距离是一个可以分享的微笑，即使是你独自一人在微笑，也可以使你和自己的心灵进行交流和抚慰。

我们的生活中不能没有微笑。一位诗人曾经这样写道："你需要的话，可以拿走我的面包，可以拿走我的空气，可是别把我的微笑拿走。因为生活需要微笑，也正因为有了微笑，生活便有了生气。"的确，在我们的生活中不能没有微笑。微笑是你接近他人最好的介绍信。微笑，是一种诚意和善良的象征，是愉悦别人的一种良好方式，同时也是一种引起他人兴趣和好感的催化剂。

你的气场越强，吸引力越大

　　气场是一种很神秘的力量，它犹如围绕着人体的巨大磁场，在这个磁场中，包含了一个人的性格、教养、品位、成长环境和家庭背景等特质，而这些特质经过各种方式的变换组合，就会形成一种独特的能量，从而决定了这个人独特的存在形式。古今中外，但凡是能站在成功巅峰的人，多是因为他们拥有强大的气场。强大的气场不仅赋予了他们良好的性格，而且赋予了他们强大的行动力和影响力。

　　对于气场的定义，当前还没有一个很权威且被公认的描述方式，在各类学术著作中也是仁者见仁、智者见智。气场这东西说起来很玄妙，皮克·菲尔博士专门写了《气场》一书来阐述此道："气场这个词总是令人很困惑。正如人们在生活中遇到的许多麻烦一样，很难找到根本的解释。气场就是吸引力，使得人们的目光总是被你吸引，无论你是好人还是坏人，都备受关注……每个人都有一种独特的气场，不管它给你带来的是好运，还是让你讨厌的霉运。"

为人处世智慧书

20世纪70年代，一名男孩和自己的父亲参加好莱坞电影明星到场的豪华酒会。当时，到处都是奢侈的装饰品，漂亮的女明星，还有很多衣着华丽的大商人和政治家，可以说参加酒会的都是社会的上层人物，但是，当一个女人出场的时候，所有的一切都变得暗淡无光，她光芒四射，气场压人，每个人的目光都集中在这个女人身上，并且都情不自禁地向她走过去，希望能够和她握手，与她交谈，和她成为朋友，哪怕能得到她的注意也是一件很兴奋的事情。

这个女人的身影和面容，甚至当时的场景，让这名小男孩记忆犹新，后来，当小男孩大一些的时候，才知道当时那位女士就是当时著名的演员玛丽莲·梦露，一个不论出现在哪里都会立刻吸引所有人注意的女人，她必将夺取所有人的目光，集万千宠爱于一身。

强大的气场是一个人的存在感和吸引力之所在，是他身上独特的光环。研究发现，任何成功人士的成功都与其强大的气场有关，像我们熟悉的微软的比尔·盖茨、股神巴菲特、苹果公司的史蒂夫·乔布斯、美国总统奥巴马、世界著名的脱口秀主持人奥普拉，几乎每个人都从气场的运用中得到了启迪和力量。政治家用气场赢得选民的支持，商人用气场赢得难以估量的财富，名人用它博取人气，普通人用它获得幸福。正如一句话所说：只要气场对了，事儿就成了！

事业成功者，从言谈举止和掌控局面的能力上，都隐隐露出一种气势，即所谓的"气场"。在任何竞争的场合，那种舍我其谁的气势都有助于激发自己的潜力。气场好比人生竞技场上的一把尖利的飞刀，在未出手前已具有一股气势，使它的主人攻无不克，甚至不战而胜。

2008年北京奥运会上，美国的游泳健将迈克尔·菲尔普斯就是一个非常具有气场的人，无论何时，在他身上都能看到一种强者的姿态。菲尔普

第一章 打造个性魅力，拥有足够的吸引力

斯说："从小到大，我一直想成为冠军。"正因为有着这种执着和自信，使菲尔普斯身上散发出一种"舍我其谁"的气场。早在出征2008年北京奥运会前，菲尔普斯就吐出了掷地有声的一句话：我一定要拿奥运八金！果然，菲尔普斯兑现了自己的诺言，菲尔普斯在北京奥运会上共获得八金，七破世界纪录，一破奥运纪录……菲尔普斯的非凡气场，不仅成就了奥运历史上的传奇，也为北京奥运会写下了浓墨重彩的一笔。

当然，"气场"并非为名人、冠军们所独占，大千世界，各行各业的杰出人物都应该有气场，也需要有点气场。气场不论怎么变化，其精神实质都不会改变，那就是：王者之风，气压群雄；自信自尊，舍我其谁；无所畏惧，永不言败。其实所有的成功者身上都有一定的气场，只是气场的类型不同而已。所谓的气场可以分为很多类，但以王者之气为最高境界。

生活中，如果你看到一个人，你的目光不自觉地被他吸引，那就说明他的气场强大。气场强大的人总是无比自信，并不断地、毫不顾忌地向外发散吸引力。他们讲话有底气，讲了大家会听，大家听了还会记住，记住了还会去学。总之，他们会带动周围人的情绪，让周围人的注意力不自觉地集中到他身上。总之，气场就是一种看不见、摸不着的无形能量，但却能体现在我们的言谈举止中，影响着每个人的生活、工作、情感等。而且，气场既是个人能力的体现，同时又能够影响他人。

人与人交往，是气场与气场的较量。不是你影响对方，就是对方影响你。气场强大，你就是人生的掌控者与操盘手。用气场感染人、影响人、说服人，让别人喜欢你、佩服你、感激你。

我们所需要的气场，是一种通过自身积极、向上的综合魅力带给周围的人或事物的一种有益的吸引力和影响力。它会引领我们走向成功，帮助人们妥善处理好家庭与事业上的事务，让你的魅力无所不在。

气场，它是一种力量，能将他人从你身边推开，也能将他人吸引到你的

左右；它是一束耀眼的光，让人们在人群中只注意到你的存在，崇拜你、仰慕你；它具有一种魔力，让你心想事成，顺利实现所有的梦想……

  一个人的气场并不来自他的出身、学历或者命运的恩赐，而是来自于一个人的精神状态。拥有不服输的信念时，你会发现自己身上有一股用不完的力量；为了梦想不断坚持时，你会发现自己身上有一种解决所有问题的能力；为了获取成功不懈奋斗时，你会发现自己身上有一种超越自我的能量……这样的气场才是真正强大的气场，也是每个人都值得拥有的气场。所有成功人士的辉煌也正是植根于这样的气场之中。如果你一直保持积极乐观的心态，并对自己的既定目标有着强烈的渴望，你的气场就会以常人难以置信的速度帮你在第一时间实现你的目标。

第二章 优良的品格，
让人心甘情愿追随你

第二章　优良的品格，让人心甘情愿追随你

品德为先，别忘了给自己攒人品

优秀的品德是个人成功重要的资本，是人最核心的竞争力之一。具有优秀品德的人，总是会时常从内心爆发出积极的力量，使人们了解他、接纳他、帮助他、支持他，使他的事业获得成功，使他受到人们的尊重和敬仰。可以说，好的品德是推动一个人的人生不断前进的动力。

几年前，李某听一位一知半解的朋友说有一家温州商人卖的××牌UPS电源（即不间断电源）能够稳定电压、保护电器，就贸然来到这家温州人开设的电脑用品商店购买，想用作家里新买的电冰箱的电源保护器。这位温州老板详细问清李某的来意后心想：卖还是不卖？卖，这种电源保护器对保护电冰箱毫无用处；不卖，到手的"肥肉"就会丢掉。犹豫再三，这位温州老板的良心战胜了贪欲。他向李某仔细讲解了该电源的用途和电冰箱的耗电原理，劝他不要花几百元钱买一个对自己来说无用的东西。李某先是不解，当明白温州老板确实是一片好心后，便由衷地感到敬佩。第二天，李某和妻子从这家商店购买了一台价值不菲的电脑，因为李某和妻子都觉得从这里购买商品非常放心。并逢人便讲这家温州老板的良好品德，他们的几位亲戚、朋友受到感染，也从温州老板那里购买了不少东西。

由此可见，具有良好品德的人不仅能赢得事业伙伴的心，而且还能赢得周围人的心，凡是知道他具有良好品德的人都愿意与他交往，更能为其创造无限的商机。

人品胜过一切。伟大的科学家爱因斯坦曾说："不管时代的潮流和社会的风尚怎样，人总可以凭着自己高贵的品格，超脱时代和社会，走自己正确的道路。现在，大家都为了汽车、房子而奔波、追逐、竞争。这是我们这个时代的特征。但是也还有不少人，他们不追求这些物质的东西，他们追求理想和真理，得到了内心的自由和安宁。"优良品德的熏陶和润泽，能够不断丰富我们的精神世界，完善我们的人格和道德标准，使其成为个人成长成才的重要推进力量。

王翔是一家实木出口公司董事长。"要成功创业，必先讲究做人！首先要锤炼自己的人品，绝不能贪图一时一事之利而不讲操守，不讲信用！"这是王翔一直以来坚持的信念，也是他走向成功的秘诀。

40年前的一个冬天，虽然当时他年纪还小，但这个冬天深深地刻在王翔的记忆深处，是他一生中难以忘怀的。

当时，父亲的去世对他是一个沉重的打击。即使是这样，王翔还是咬紧牙关、鼓足勇气，他希望自己能够带领全家平安地度过这个肃杀凄凉的冬天。

为了安葬父亲，王翔含着眼泪去买坟地。按照当地的交易规矩，买地人必须付钱给卖地人之后才可以跟随卖地人去看地。

卖地给王翔的，是两个客家人。王翔将买地钱交给他们之后，便半步都不肯离开，坚持要马上看地。去看坟地的一路上，山路出奇的泥泞，寒意逼人的北风迎面而来。这两个卖地人走得很快，王翔一步紧接着一步地紧追不舍。然而，不幸的是卖地人见王翔是一个小孩子，以为

第二章 优良的品格，让人心甘情愿追随你

好欺骗，就将一块埋有他人尸骨的坟地卖给他，并且用客家话商量着如何掘开这块坟地，将他人尸骨弄走……

可是，他们并不知道，王翔听得懂客家话。王翔震惊地想：世界上居然有如此黑心、如此挣钱的人，甚至连死去的人都不肯放过。王翔深知这两个人绝不会退钱给他，就告诉他们不要掘地了，他另找卖主。

这次买地葬父的几番周折，深深地留存在王翔的记忆深处，使他不仅受到了关于人生的教育，而且对于即将走上社会、独自创业的王翔来说，这是第一次吸取的相当痛苦的教训，也是王翔所面临的在道义和金钱面前如何抉择的第一道难题。这促使王翔暗下决心：不管将来创业的道路如何险恶，不管将来生活的情形如何艰难，一定要做到在生意上不能坑害人，在生活上乐于帮助人。

今天，王翔已经是非常成功的企业家了，但他对于人和人生的理解却并没有因为财富的增加而变得肤浅，相反，倒使他对如何做人的理解更加成熟和深刻了。他说："不管新老客户，给他们的承诺必须兑现。情愿自己吃亏，也不能让客户不满意。"正是这样的经营宗旨，让公司在每年进行的客户满意度调查中客户满意率达到99%。

王翔几十年如一日坚持对自身人品的锤炼，坚守诚信经营的理念，将公司从一家小作坊开始，逐步发展成为集生产、加工于一体的出口贸易公司，并通过创立企业品牌，赢得了市场。

人最值得尊重的，正是在追求和奋斗过程中表现出的优秀品格。如果把王翔的成功归于幸运的话，那么真正的幸运是属于拥有优秀品格的人。

人品决定着人心，决定着一个人的社会价值。不管在哪一领域，不管处于何种生存状态，那些具有优秀品质的人，那些具有强烈的责任心的人，那些有着良好信誉的人，才能赢得人们由衷的崇敬和信任。

为人处世智慧书

有一家私营企业的老板,在创业之前一贫如洗、家徒四壁,可是当他决定办厂时,邻里亲朋都毫不犹豫地纷纷借钱给他,帮他凑齐了几万元的启动资金。为此,有人不明白为什么会有那么多人敢把钱借给他这个没有偿还能力的人,这不是傻子吗?其实这个人虽然穷,但人穷志不短,他很讲信用。

很多年之前,他和一位朋友打赌,谁输了谁就把一大堆石头挑到一公里之外的地方去。结果他赌输了,愿赌服输,他将那堆积得像小山一样的石头挑到了一公里之外的地方。当时,所有的人都以为打赌是开玩笑的,两个人谁输了都不会当真。但这个人说,既然打了赌,就得算数。他断断续续地挑了三个月,才将石头挑完。人们因此对他十分敬佩,无不赞美他拥有优秀的品德。把钱借给这样的人,还有什么不放心的呢?

人品好的人更容易获得别人的帮助。一个人只有拥有了良好的道德品质,才能赢得别人对他的信任和尊敬。正如爱默生所说:"美德具有至高无上的价格,它是一种伟大的力量,在所有价值中它处于最高的位置。"所以说,人品是一个人立身之本,是人生中非常宝贵的财产,是人们信誉的全部。

好的人品是最昂贵的个人资产。如果一个人具有令人敬佩的品格,他就会随时随地都受人欢迎。无论他贫富贵贱,他都会成为别人乐意交往的对象。因为优秀的品德有一种神奇的力量,足以感化人们的心灵。

总之,好人品是一个人最宝贵的财产之一。在生活中,赢得人心和获取人们喜爱与友谊的最基本因素就是"拥有美好的品德"。

第二章　优良的品格，让人心甘情愿追随你

心胸似海，宽容别人也是给自己机会

在日常生活中，难免会发生这样的事：亲密无间的朋友，无意或有意做了伤害你的事，你是宽容他，还是从此绝交，或待机报复？有句话叫"以牙还牙"，绝交或报复似乎更符合人的本能心理。但这样做了，怨会越结越深，仇会越积越多，真是冤冤相报何时了。如果你在被伤害后，宽容对方，释怀以往的误会与冲突，热情坦然地去开始新的生活，你的形象瞬时就会高大起来，你的宽宏大量、光明磊落使你的精神达到了一个新的境界，你的人格折射出高尚的光彩。如果能够做到这些，你不仅能结交到很多知心好友，你的心胸和眼界也会在这一过程中得到扩展。

人非圣贤，孰能无过。与人相处就要相互谅解，经常以"难得糊涂"自勉，求大同存小异。有度量，能容人，你就会有许多朋友，且左右逢源，诸事遂愿；相反，斤斤计较，认死理，过分挑剔，容不得人，人家就会躲你远远的。最后，你只能关起门来"称孤道寡"，成为使人避之唯恐不及的异己之徒。

在人与人的交往过程中，一个人具有宽广的胸怀，是这个人人品的重要标志之一。如果具备宽广的胸怀，这个人无论何时都会受到大家的欢迎，如果这个人心胸狭窄、小肚鸡肠，那么这个人则很难拥有良好的人际关系。

有位吴姓女士，是一个严谨的人。她对自己要求很高，对别人要求更高，常为小事苛责别人，朋友、同事、亲戚、左邻右舍全都让她挑剔了个遍。吴女士并不是个无理取闹的人，她的挑剔都是有原因的。问题是人非圣贤，谁能一点错都不犯呢？吴女士的挑剔苛责让人们都对她敬而远之，除非不得已，否则没有人愿意接近她。

年初的时候，吴女士家换了套房子。刚搬进去的时候，邻居还拿了礼物来拜访，可一个月后，两家人再见面就横眉冷对了。这不愉快还是吴女士惹起来的：有一天早上，吴女士一家人正在睡觉，却被门铃声吵醒了，打开门一看原来是有人走错门了，要去的是邻居家。按理说这么件小事对方说声"对不起"也就算了，但吴女士却不依不饶地追到邻居家抱怨了一通，还在自家门旁贴了张纸条："请勿敲错门，面斥不雅！"还有一次邻居不小心把垃圾袋忘在了自家门口，吴女士指责人家没公德心……此外，让吴女士挑剔的事还有很多：邻居在楼梯间大声说话了；邻居的孩子在她家门前打闹了……终于有一天，邻居再也忍受不了吴女士的挑剔了，与吴女士发生了激烈的争吵。她没有想到自己的做法竟然引起对方这么深的怨气，她仔细检讨了一下自己，得出的结论是自己在做人方法上出现了问题。第二天，她把自己种的一盆杜鹃花放在了邻居家的门口，并向对方道了歉，一场纠纷烟消云散，两家成了好邻居。同时，吴女士对自己身边的人也改变了态度，不再苛责而是以宽容去待人，结果她发现自己突然多了许多好朋友，人们变得更愿意接近她了。

宽容是为人处世的准则。一个宽宏大量，与人为善，宽容待人，能主动为他人着想和帮助别人的人，一定会讨人喜欢，被人接纳，受人尊重，具有魅力，因而能够更多地体会到成功的喜悦。而一个以敌视的眼光看人，对周围的人戒备森严，心胸狭窄，处处提防，不能宽大为怀的人，必然会因孤独

第二章　优良的品格，让人心甘情愿追随你

而陷于忧郁和痛苦之中。

宽容体现了一个人的素养与气度，表现了人的思想水平。只有一个宽容大气的人，才会在心中留出一片天地给别人。当你学会宽容别人时，就是学会宽容自己，给别人一个改过的机会，就是给自己一个更广阔的空间。

清代的红顶商人胡雪岩曾是一家钱庄的伙计，用现在的话说就是银行的信贷员。按理说，作为平头百姓，那年头能有这么一份差事也已经算是不错了。可是，因为资助朋友，胡雪岩被老板炒了鱿鱼。

胡雪岩的成功离不开两个人，其中一个就是叫王有龄。王有龄落魄的时候，正是有了胡雪岩的资助才能步入官场。但是胡雪岩的钱从哪来的呢？

这笔钱是胡雪岩从别处收来的500两银子，属于钱庄的财产，胡雪岩悉数借给王有龄，叫他赶快北上进京去打点，好补上空缺。私自挪用公款只为帮助朋友，王有龄当然是感激不尽，揣了银子立即北上，并在朋友的帮助下，顺顺当当地当上了官。

然而就在王有龄意得志满之时，胡雪岩却因私自拿钱庄的钱资助王有龄，被老板炒了鱿鱼。告密者就是自己的同事——钱庄的大伙计张胖子。

喝水不忘掘井人。王有龄回来之后，听说胡雪岩为了他的前途，将钱庄的伙计职务都丢了，便决意为恩兄好好地出一口气。但胡雪岩阻止了他，这令王有龄很吃惊。原来胡雪岩心中另有打算，他思忖：如果自己因为这件事情，寻恶于钱庄的同僚们，这虽然出了心中的恶气，然而却于事无益。俗话说，冤家宜解不易结，更何况和气才能生财。只有与商界保持良好的关系才会有发财的机会。能够随时随地地冷静分析形势，并做出正确的选择，实际上这就是胡雪岩的过人之处。损人不利己

的事不值得去做。当然，对于胡雪岩的见解，王有龄只有击节称赞，深深佩服。

不久，碰巧遇上了钱庄的大伙计张胖子过生日，祝寿之人络绎不绝。这天胡雪岩准备了一个纯金的"寿"字给他拜寿，并将王有龄引荐给他。张胖子非常感激。是啊，在一群商客和伙计中，能有官府人士给其祝寿，实在是大大扬了他的脸面。张胖子拉着胡雪岩的手直拍自己的胸脯保证"以后有事，必当两肋插刀"。

我们不能不佩服胡雪岩的大度，须知，这个钱庄大伙计正是昔日害得胡雪岩被扫地出门之人，用一般人的看法他是胡雪岩真正的仇人。但胡雪岩却做到了德怨两忘，因为他相信多个朋友多条路，少个冤家少堵墙。事实也正是这样，日后正是这个大伙计张胖子帮了他很大的忙，使他的事业有了一个良好的开端。

与人交往时，应当宽宏大量，不计个人恩怨。如果你能做到宽容曾经伤害过自己的人，这不但能显示出你的博大胸怀，而且还有助于化敌为友，为自己营造一个更为宽松的人际环境。宽容的最高境界是心灵的净化和升华，它使我们从中看到了非常强大的力量，还可以帮助我们修复友谊、爱情和事业。

总之，胸怀宽广是一种涵养的体现，也是成就大事的前提。一个人如果拥有宽容之心，就会让他周围的人产生安全感与喜爱之情，进而靠近他、拥护他。所以，为人处世要有容人之量，这样你才会赢得更多的朋友。

第二章 优良的品格，让人心甘情愿追随你

懂得谦逊，才是真正懂得积蓄力量

谦逊是一种美德，更是一种人生的智慧。你可能也会有这样一种体会：越是谦逊的人，人们越是喜欢赞美他的优点；越是把自己看得了不起、孤傲自大的人，人们越会瞧不起他，喜欢找出他的缺点。这就是谦逊的效能。所以，平时你要谦逊地对待别人，这样才能博得人家的支持，赢得友谊，从而为你的事业奠定基础。

谦逊使人进步，骄傲使人落后。这是千年不变的。看看古今中外那些先哲伟人，即使取得了令人瞩目的成绩，也绝少有人因为自己具有足够资本而狂放的，相反，他们倒是非常自知而又非常谦逊的。

贝罗尼是19世纪的法国名画家。有一次，他到瑞士去度假，背着画架到日内瓦湖边写生。旁边来了三位女游客，看了他的画后，便在一旁指手画脚地批评起来：一个说这儿不好，一个说那儿不对。贝罗尼都一一修改过来，末了还跟她们说了声谢谢。第二天，贝罗尼又遇到了那三位女游客，她们正交头接耳地不知在讨论些什么。过了一会儿，那三个女游客走过来问他："先生，我们听说大画家贝罗尼正在这儿度假，所以特地来拜访他。请问你知不知道他现在在什么地方？"贝罗尼朝她们微微弯腰，回答说："不敢当，我就是贝罗尼。"三位女游客大吃一惊，想起昨天的不礼貌，一个个红着脸跑掉了。

为人处世智慧书

　　世界上只有虚怀若谷的求知者，没有狂妄自大的成功者，只有认为自己一无所知才能让自己不断进步，这就是贝罗尼以及所有人的成功之道。

　　曾国藩说："君子过人之处只是谦虚罢了。"谦虚是人们通往成功和赢得他人尊重所必须拥有的最重要的品质之一。生活中，那些才识、学问愈高的人，在态度上反而愈谦卑，希望自己能精益求精，更上一层楼。谦虚的人，就能听得进别人的意见、摆正自己的位置。所以，我们应做到时时谦虚，处处谨慎。

　　爱因斯坦是20世纪世界上最伟大的科学家之一，他的相对论以及他在物理学界其他方面的研究成果，是一笔取之不尽、用之不竭的财富。然而，就是他这样一个人，依然保持着谦虚的品德。

　　有人去问爱因斯坦，说："您老可谓物理学界举足轻重的人物了，何必还要孜孜不倦地学习呢？何不舒舒服服地休息呢？"爱因斯坦并没有立即回答他这个问题，而是找来一支笔、一张纸，在纸上画上一个大圆和一个小圆，对那位年轻人说："在目前情况下，在物理学这个领域里可能是我比你懂得略多一些。你所知的是这个小圆，我所知的是这个大圆，然而整个物理学的知识是无边无际的。对于小圆，它的周长小，即与未知领域的接触面小，他感受到自己未知的少；而大圆与外界接触的这一周长，所以更感到自己未知的东西多，会更加努力地去探索。"

　　1929年，全世界的报纸都发表了关于爱因斯坦的文章。在柏林的爱因斯坦住所中，装满了好几篮子从全世界寄来的祝贺的信件。

　　然而，此时的爱因斯坦却不在自己的住所里，他在几天前就到郊外的一个花匠的农舍里躲了起来。

　　爱因斯坦九岁的儿子问他："爸爸，您为什么那样有名呢？"

　　爱因斯坦听了哈哈大笑，他对儿子说："你看，甲虫在球面上爬行

第二章 优良的品格，让人心甘情愿追随你

的时候，它并不知道它走的路是弯曲的。我呢，正相反，有幸觉察到了这一点。"

爱因斯坦就是这样一个谦虚的人，名声越大，他就越谦虚。

法国启蒙思想家孟德斯鸠说过："谦虚是不可缺少的品德。"谦虚谨慎的品格，能使一个人面对成功、荣誉时不骄傲，把它视为一种激励自己继续前进的力量；而不会陷在荣誉和成功的喜悦中不能自拔，把荣誉当成包袱背起来，沾沾自喜于一时之功，不再进取。

谦虚谨慎是一个人必备的品格，具有这种品格的人，在待人接物时能温和有礼、平易近人、尊重他人，善于倾听他人的意见和建议，能虚心求教，取长补短。这样的人对待自己有自知之明，在成绩面前不居功自傲；在缺点和错误面前不文过饰非，能主动采取措施进行改正。懂得谦虚的人往往能得到别人的帮助和关照，从而为将来事业的成功打下良好基础。

在人际交往中，谦虚的人总是处处受欢迎，而那些大肆张扬、傲慢无礼的人通常是遭人反感厌恶的。英国勋爵柴斯特·菲尔德说："如果你想受到赞美，就用谦逊去做诱饵吧。" 谦虚不仅是人们应该具备的美德，从某种意义上说，谦虚也是人们获得良好人际关系的力量。虚心的人之所以受欢迎，是因为他们能够把自己放在一个更低的位置，不吝于向别人请教。

阳子居有一日西去徐州，恰巧碰到老子西去秦国。郊外相逢，阳子居自以为有学问，态度傲慢，老子便为阳子居深感惋惜，当面批评阳子居："以前我还认为你是个可以成大器的人，现在看来不可教诲啦。"

阳子居听了老子的话，心里很不舒服，后悔自己为什么当时那样。

回到旅店后，阳子居觉得自己应当做得自然一些，起码要敬重长者，敬重有道德学问的老子，便主动给老子拿梳洗的工具，脱下鞋子放

在门外，然后膝行到老子面前，谦虚地说：

"学生刚才想请教老师，老师要行路没有空闲，因此不便说话。现在老师有空了，请您指教我的过失。"

老子说："想想看，你态度那么傲慢，表情那样庄严，一举一动又如此矜持造作，眼睛里什么都没有，这样，将来谁愿意和你相处呢？人，没有他人围绕着你，行吗？你应该懂得：最洁白的东西好像总有些污秽的感觉，德行最高尚的人总认为自己远不十全十美。知道自己不行，你才知道自己真正行的地方；眼睛里只看到自己不行，实际上，你哪个地方都不明白。"

阳子居先是吃惊，渐渐地脸上浮现惭愧的神色，谦虚地说："老师的教导使我明白了做人的真正道理。"

从前阳子居在去徐州的路上，旅舍客人恭敬地迎送他。他住店时，男老板为他摆座位，女老板为他送手巾，大家也给他让座。虽然恭敬，彼此却都不舒服。接受老子教诲后，阳子居变得态度随和，为人谦逊。归途住店，客人都随意地和他交谈，他也感到和大家相处得很亲切。

谦逊基于力量，高傲基于无能。狂妄自大和自以为是并不会为我们赢得好的机会，只会断送我们的前程。一个喜欢标榜自己的人往往会失去朋友。没有人喜欢和一个爱自我表扬的人在一起。不懂得谦逊的人会失去别人的信任，别人不但对你的能力产生怀疑。无疑，一个没有好人缘、不可信的人是永远也难与成功邂逅的。

俄国作家契诃夫曾说："人应该谦虚，不要让自己的名字像水塘上的气泡那样一闪就过去了。"如果你拥有广博的知识，高超的技能，卓越的智慧，但不懂谦虚的话，你就不可能取得灿烂夺目的成就。所以，你要永远记住："伟人多谦逊，小人多骄傲。"

第二章　优良的品格，让人心甘情愿追随你

一诺千金，说到就要做到

一诺千金，就是要守信用，说话算数，这是中华民族的传统美德。孔子曾说："人而无信，不知其可也。"意思是说一个人不讲信用，就不知他能干什么。换句话说，一个人不讲信用，就不会有什么朋友。

张某常向别人炫耀自己人脉广，然而知情的人却说，张某虽然认识的人不少，但却没有什么真正的朋友，人缘极差，这都是由于他不守信用引起的。每一个人刚和他认识时，都觉得他既热情又大方，人品很不错，可是和他相处一段时间后就发现，这个人做出的承诺极少有兑现的。比如，有一次，他的朋友全家要在十一去张家界玩，由于担心到时候人太多订不到机票，就打算通过中介公司订高价票。张某知道了这件事，就对朋友说："订什么高价票啊！你跟我说一声不就行了，我有个同学在机场地勤处，我让他给你们留几张，不过由于那时候机票紧张，能不能打折我就不知道了！"朋友高兴得不得了，连忙说："哪儿还指望打折呀！能按正常票价买到，我们就很高兴了！而且又不需要我再去跑，在家等着就行了！那这事儿就麻烦你了，回来以后我请你吃饭！"张某满口答应着走了。十一马上就到了，朋友给张某打电话问票的事儿，张某这可有点着急了，因为当时他就是随口说说，根本就没给朋友办。因此他只能含含糊糊地说："啊，这事儿呀！我忘了告诉你了，我

帮你问了,可我那同学说不好留票,还是让你们自己买吧!"朋友一听,差点没气晕过去,马上就是十一了,这还上哪订票去?结果朋友一家哪儿也没去成,就在家里过了个黄金周。这样的事多了,朋友们也就看透了张某的为人,因此他们再也不相信张某,张某的人缘也就越来越差了。

张某的人缘差,完全是由他的不守信用造成的。古人早就有过"一言既出,驷马难追"的遗训。我们交友处世更应以此为鉴,要言而有据,经得起考验,一是一,二是二。今天这样,明天那样,只说不做,光讲漂亮话是不行的。言而无信,既害他人,最终也会害了自己。因此我们必须言而有信,要对自己的话负责。

从本质上说,诚信是一种人品修养,是做人的根本准则。诗人艾青这样说:"人民不喜欢假话,哪怕多么装腔作势,多么冠冕堂皇的假话,都不会打动人心的。人人心里都有一架衡量语言的天平。"言外之意就是告诉人们,在交往中要讲信用,说真话、讲实情,而不能信口开河,夸夸其谈。

人离不开交往,交往离不开信用。"小信成则大信也",无论是做人还是做事,诚信在其中必不可少。一个讲诚信的人,能够言行一致,表里如一,人们可以根据他的言论去判断他的行为,进行正常的交往。你无法判断一个不讲信誉、前后矛盾、言行不一的人的行为动向。

迈克成立了一家网络公司,由于资金周转不灵,无奈只得向一位好友借了50万美元,并答应两年后还清。

两年的时间一晃就过去了,迈克因某些原因仍然无法在短时间内还清好友的借款。迈克想尽所有办法,找到各种途径好不容易筹到了20万美元,可余下的30万实在无能为力了。这可如何是好呢?眼见日益接近

第二章 优良的品格，让人心甘情愿追随你

还钱日期，迈克愁得几乎头发都快白了。他的太太看着十分心痛，便提议让他向朋友求求情，宽限几天还钱的日子或是先开张空头支票，等有了钱再赶紧补上。谁知，迈克非常生气地向太太吼道："这怎么可能！那我成什么了？"

经过一夜的思考，迈克决定把自己的别墅抵押给银行，希望银行能给他贷款30万。可最后银行只同意给他贷27万。无奈之下，迈克忍痛割爱，将别墅以30万的超低价出售给可以立即付现款的买主，结果他们一家人搬到了一处远郊的小平房里。迈克终于在限期之内还清了好友的欠款。

不久，好友打电话给迈克，说是周末想到他家聚聚。可没想到朋友被平时非常好客的迈克一口回绝了。好友很是不解，于是独自前往他家想看个究竟。当好友经过千辛万苦，终于找到迈克的"新家"时，立刻被眼前的景象所惊呆了。当他得知迈克竟是为了按期还自己的借款才变得如此时，感动不已。临走时，好友真诚地说："你这么讲信用，以后有事尽管找我。"

这件事很快传开了，迈克也因诚信出了名。又过了几年，因一次意外，迈克的公司再一次陷入了经济危机时，很多朋友都纷纷主动向他伸出援助之手，帮他解决重重危机，让他重新迈入了成功企业家的行列，此后他的事业一直一帆风顺。

每当有人问起迈克的成功经验时，迈克都会深有感触地说："是诚信，诚信使我获得了财富，获得了成功。"

只有守信的人，才会有人信任。只有做到了一诺千金，你的事业才有望发展壮大并蒸蒸日上。

诚信是为人处世之本。如果不讲诚信就无法实现自身的发展和完善，也很难取得长久而真正的利益。诚信待人，它会点燃你生命的明灯。生活不会

亏待诚信于人的人。

陈诗钊是恩施联盟投资公司董事长，他有一个因诚信而得的外号——"陈准时"。一次，他和某部门的领导约定下午3：50见面，但无奈的是，陈诗钊在赴约时发生堵车，眼看时间一分一秒地过去，离约定的时间就只差十几分钟了，怎么办？走！离目的地还有1000多米，陈诗钊一路小跑，最终在约定时间内赶到。这事让这领导感慨了好久，"陈准时"这个外号也就叫开了。

在生意上，陈诗钊不仅守时，而且还说到做到，开口应了的事，就肯定能兑现，他说的话比合同都重要。有一次，经朋友介绍，他和一个比他大十几岁的商人合伙做生意，当时陈诗钊给对方承诺了50万元的分红，不过这事并没有签合同，对方因和他仅认识而已，对陈诗钊的承诺没有抱太大的希望。两个月之后，陈世钊兑现了他的诺言，将分红送到了对方手中。现在，陈诗钊和对方成了好友，提起这事，对方称，当陈诗钊给他分红时，他都是将信将疑的，不过最终觉得："陈诗钊这人能做朋友。"

诚信不仅是一种个人品质、一种行为规范，更是一种高超的处世之道。"听其言，观其行"，你的一言一行，别人都看在眼里，记在心里，一旦发现你言行不一致，你的威信就会大大降低。所以，以诚信的态度处世，以诚信为人，处世以"信"为原则，讲信义、重信义，这样的人才会为世人所接受。

信守承诺是一种美德，也是与人交往的基本准则。它会吸引周围的人跟随你，并对你信任有加。所以，我们要想讨人喜欢，就要凡事说到做到，只有守信用的人，才会交到真正的朋友。

第二章　优良的品格，让人心甘情愿追随你

即使春风得意，也不要得意忘形

生活中，人们经常用"得意忘形"来形容一个人的狂喜状态。即一个人在某一方面稍稍得志，就高兴得控制不住自己，忘乎所以，从而失去常态。得意忘形会使人由盛转衰，甚至一蹶不振，出现乐极生悲的惨痛局面。

有一个刚刚知道自己中了大奖的乞丐，他为了防止奖券遗失，便把它藏在竹棍里。他心中一直为发财的事兴奋，实在是太得意了，便忘记了竹棍中还藏有奖券，心想今后不用再当乞丐了，还要这根讨饭用的竹棍做什么？这一高兴便把竹棍扔到河里。当他想起奖券还藏在竹棍里的时候，不但钱领不到了，竹棍也弄丢了。本来，乞丐穷得只有一根竹棍，结果呢？由于得意忘形，乞丐连仅有的竹棍也失去了。

这个故事告诉我们：一时的得意，不要高兴太早，否则失意马上就到。做人千万不要得意忘形，特别是当你在意气风发之时，绝对不能放松警惕，要时时戒备，因为这个时候最容易犯错。下面这个故事也同样说明了这样的道理。

当一栋新盖的大厦完成时，有位家政公司的老业务员马上跑去见该大厦的物业主任，想承揽大厦所有的清洁工作，包括各个房间地板的清扫、玻璃窗的清洁，公共设施、大厅、走廊、厕所等地方的清理工作。

一个星期后，物业主任答应了这个交易。当这名老业务员承揽到生意，从侧门兴奋地走出来时，由于太高兴，他没有注意到门边的消防水桶，结果一脚把水桶给踢翻了，水泼了一地，这一幕正巧被物业主任看到，他心里很不舒服，就打电话，将合同取消了。

他的理由是："作为老业务员的你还会做出这么得意忘形的事，将来实际担任本大厦清扫工作的人员，更不知会做出什么样的事情来，既然你们无法让人放心，那还是早点解约好。"

做人之大忌，那就是得意忘形。当一个人事业有成或加官晋爵之时，当然是应该值得庆贺的，但这种庆贺应适可而止，切忌得意忘形，否则，终致乐极生悲。但现实生活中，有些人往往记不住这样的教训，他们一旦取得了一些成就，就容易得意忘形，于是便会趾高气扬、自命不凡，目空一切，说话牛气冲天，结果引起周围人的不满和非议。其实，一个人的成就再伟大，也只是相对而言的。如果你在某一方面取得了一定的成绩，你不应该过于看重它，因为它已成为你的历史。如果沉醉于一时的得意，常常就会"忘形"，丧失成功前的那股活力和干劲。

世上没有永远的成功，同样也不会有永远的"得意"之时，只有永远的追求与前行。美国汽车大王福特曾说："一个人如果自以为已经有了许多成就而止步不前，那么他的失败就在眼前了。许多人一开始奋斗得十分起劲，但前途稍露光明后，便自鸣得意起来，于是失败立刻接踵而来。"石油大王洛克菲勒也说过："当我的石油事业蒸蒸日上时，每晚睡觉前我总是拍拍自己的额头说：'别让自满的意念，搅乱了你的脑袋。'我觉得我的一生都在进行这种自我教育，益处很多，因为经过这样的自省后，我那沾沾自喜、自鸣得意的情绪，便可平静下来了。"无论做人还是做事，一定要不断提升自

第二章 优良的品格，让人心甘情愿追随你

己的修养，保持一颗平常心，做到得意时不忘形，失意时不悲观。

一次，晏子乘车外出，马车正好从车夫的家门前经过，车夫的妻子从门缝里偷偷地往外看，只见自己的丈夫替相国驾车，坐在车上的大伞盖下，挥鞭赶着高头大马，神气活现，十分得意。然而车夫回到家后，妻子却要与他离婚。车夫大吃一惊，忙问什么原因。妻子说："晏子身为宰相，在诸侯各国中很有名望。可我看他坐在车上，面容是那样深沉，态度是那样的谦逊。而你呢，只不过是给相国赶赶车罢了，却趾高气扬，表现出一副很了不起的样子。像你这样的人还会有什么出息呢？这就是我要跟你离婚的原因。"车夫仔细想了一下妻子这番话，感到很惭愧，便向妻子认错。此后，车夫变得越发谦逊谨慎起来。车夫的这一重大变化，引起了晏子的注意，晏子感到非常好奇，就问车夫原因，车夫把妻子的话如实地告诉了晏子。晏子认为车夫的妻子很有见解，也对车夫知错就改的态度感到很满意，于是便推荐车夫做了大夫。

一个人能否成功，可以从他对于自己的成就所持的态度是否淡然上看出来。人得意如果忘形，很可能就迷失了自我。而堆积你的成就，会使你更上一层楼。所以，人生得意须清醒，对自己暂时取得的成就要轻描淡写，永远不要得意忘形，只有谦虚为怀，才会受到欢迎。

一个人越善良和气，对别人的吸引力越大

有一次，一位哲学家曾问他的许多学生："人生在世，最需要哪一件事？"答案有许多。但最后有一位学生说："一颗善心！""正是。"那哲学家说，"你这善心两字中，包括了别人所说的一切。因为有着善心的人，对于自己，则能自安自足，能去做一切与之适宜的事，对于他人，它是一个良好的侣伴，可亲的朋友。"

可见，心存善意是哲人所推崇的境界和个人纯净超然的内心情感，是从容而流畅、平实而宽厚的处世风格。只有拥有一颗善良的心，才能更好地微笑面对身边的所有人，才能让生活更美好。

曾经有一个杂志社组织过一个讨论会，主题是："什么样的女人最让人喜欢？"答案五花八门。

有人说："我喜欢漂亮的女人。因为漂亮的女人使我赏心悦目，我就好像是看到了一处美丽的风景。此外，如果能娶漂亮的女人为妻，在自己内心满足的同时，不也在向世人证明自己的魅力吗？"

有人说："我喜欢聪敏的女人。因为聪敏的女人能令我心智大开，跟她们在一起常常使我受益匪浅，感受智慧的魅力。那是一种真正的愉悦。何况，和她们出去办什么事、见什么人，起码可得到一种轻松与默

第二章 优良的品格，让人心甘情愿追随你

契，那岂不也是一种愉悦？"

……

到底什么样的女人最让人喜欢？大家七嘴八舌，各抒己见，但最终讨论的结果是：善良的女人最让人喜欢。其中有一位参与者的发言赢得了全场最热烈的掌声。他讲道：

"比方说我的母亲吧，她已经去世好多年了，我自然会常常想起她的。她年轻时的照片我见过，按照一般社会评价标准，她应属于比较漂亮，何况她又是我的母亲，自有彼此的深情在；然而有一次我偶然发现，我对她的回忆主要是她的善良。在我的记忆中，只要有讨饭的人路过我家门口，我母亲就总是请他们进屋，端来热水请他们洗手洗脸，然后准备一碗饭和一盘菜让他们热热地吃下……有一次，一位女人讨饭到我家，我母亲请她吃饭时和她聊天，得知她死了丈夫又受公婆和小姑子的气才逃了出来，听得两眼潮潮的，随后便让她在我家洗了澡，然后张罗着把我们村上的一个单身汉介绍给她，后因男的不同意才罢。送那女人走的时候，我母亲还把自己的衣服给了她。人们常说，善良是一种美德，但在我看来，善良更是一种美丽。就是说，善良使人美丽，女人因善良而更美丽。"

与人为善既是一种爱心的体现，也是一种人生智慧。它可以为自己创造一个宽松和谐的人际环境，使自己有一个发展个性和发挥创造力的自由天地，并享受到一种施惠于人的快乐。卡耐基曾说过："一个能够从细微处体谅和善待他人的人，一定是一个与人为善的人，必定有很好的人际关系，这种人际关系就是他成功的基石。"所以，任何时候，与人为善都是最明智的选择。

人们常说："恶有恶报，善有善报。"生活向来如此，当我们看到需要帮助的人时善意地帮助他们一下，那在我们自己遭遇困难时，通常也能够得

到别人善意的帮忙。

古人有云:"心净生智能,行善生福气。"一个人有一颗充满善意的心,其行为和语言就会大不一样。心怀善意的人,人生的路必将越走越宽。在人生的旅途上,只要你能真正地做到与人为善,你就会有良好的人际网络,感受到人与人之间的温暖,获得意想不到的收获。

保持诚实的品质,就能获得他人的信赖

诚实,即忠诚老实,是一个人的基本道德品质。这种品质表现为为人诚恳、老实,说老实话,办老实事。把说真话、不掩盖、不歪曲事实真相作为自己的准则。具有这种品质的人襟怀坦荡,言行一致,表里如一,是心灵美的一种标志。

在我国古代传颂着一个"阎敞不负重托"的故事,讲述了诚实的可贵。

阎敞和第五常是知心朋友,他们经常在一起谈古说今,对管仲与鲍叔牙、俞伯牙与钟子期的友谊尤为钦佩。不久,第五常突然接到皇帝的诏书,要他火速进京。第五常携带家眷匆忙上路,临行时把一大笔钱交给阎敞,请他代为保存。阎敞送第五常至十里长亭,两人洒泪而别。回家后,阎敞便把钱封好,放在安全的地方。

暑往寒来,十多年过去了,也未见第五常来取钱,连个信也没

第二章 优良的品格,让人心甘情愿追随你

有,阎敞很思念。一天,忽然来了一位青年人求见,说是第五常的孙子。阎敞喜出望外,忙请他进来。一见面,阎敞就看出这个青年人一定是第五常的后代,因为模样长得像极了。阎敞急忙打听第五常的情况,那位青年放声大哭。接着,把情况一五一十地说了。原来,第五常一家人进京后染上了瘟疫,全家陆续死去,只剩下了第五常和一个九岁的孙子。第五常临终前把孙子叫来,告诉他:"我有一好友叫阎敞,你可以去投奔他。我还有三十万贯钱在他那里"。第五常的孙子当时年龄尚小,又要在京城读书,所以没有来。现在,他学业已成,年龄大了,便来认世交并想把钱取走。听说老朋友病故,阎敞十分悲痛,幸喜第五常后继有人,便留五常的孙子盘桓几日。第五常的孙子临走时,阎敞把存放的钱拿出来,一封一封,还是原样。一数,有一百三十万贯之多。五常的孙子忙问:"我祖父临终时说只有三十万贯,怎么多出一百万贯?"阎敞说:"这钱确是你祖父当年交给老朽的原物。至于他说的数目不对,或许是病中神志恍惚,也未可知。你就不必怀疑了。"第五常的孙子见阎敞如此诚实,又是佩服,又是感动,一时连话也说不出来了。

诚实是一种可贵的品质,它的魅力在于不说假话、大话,以诚待人,以心感人。诚实不需要华丽的辞藻来修饰,不需要甜言蜜语来遮掩,它所追崇的是生命的原汁原味,它是天地之间的一种本真和自然。

日本"绳索大王"岛村,以诚实感动顾客而闻名。他在麻的产地按五角钱一条买进麻绳,再照原价五角钱卖给纸袋工厂。因此,每天的订货单似雪片般飞来。有一次,他拿着购物收据对订货客户说:"到现在为止,我是一分钱也没赚你们的,但如若长此下去,我只有破产一条

路了。"他的诚实打动了客户,于是客户心甘情愿地把货价提高到了五角五分钱。同时,他又与供货商说:"您卖给我麻绳,我是照原价卖出的。"产地供货商看到他给客户开的收据后,感动不已,一口答应以后每条绳子四角五分供应。几年后,岛村从一个诚实的穷光蛋,变成了日本的"绳索大王"。

一个人只有诚实可信,才能够建立起良好的信誉,才能获得别人的真诚对待。在这个复杂的社会,你越是诚实可信,人们越会认为你难得,你也越值得交往和相处。

只有诚实有德的人,才会赢得别人永久的信任。当他人认为你是个可靠的人时,他才可能靠近你。所以,要让他人肯定你、接纳你,你需要保持诚实的品质。诚实,会升华你的人品,让更多的人支持你,让你去取得更大的成功!

第三章 广结人缘，
吸引资源形成强大的人际磁场

第三章 广结人缘,吸引资源形成强大的人际磁场

与其锦上添花,不如雪中送炭

有这样一个小故事:

从前,有一个书生,家贫如洗,穷困潦倒,靠代人念写书信维持生计。一年,适逢岁考,书生为筹集赶考盘费,遂向亲友借贷,但均遭拒绝。无奈之下,书生只好沿途乞讨赴考。万幸的是,书生高中,衣锦而归。乡人闻之,纷纷前来巴结,亲友更是迎奉不迭。

遇此情形,书生感慨万千,悟出一副对联。

上联是:回忆去岁,饥荒五六七月间,柴米尽焦枯,贫无一寸铁,赊不得,借不得,虽有八亲九戚,谁肯雪中送炭。

下联是:侥幸今年,科举一二三场内,文章皆合式,中了五经魁,名也香,姓也香,不拘张三李四,都来锦上添花。

书生将对联用红纸写了,贴于门口。见此联者,无不羞愧掩颜。

一副对联将书生中举前后截然不同的两种生活境遇,表现得淋漓尽致,入木三分。细品此联,"雪中送炭"与"锦上添花"两种人生境界,跃然入目,令人深思,让人感叹。

生活中,多数人都喜欢锦上添花,毕竟,在好的事情面前多一句赞美,说几句顺风话,实在是一种人情交际方式。但聪明人更知道雪中送炭的可

贵。虽然雪中送炭和锦上添花都可以落得人情，可两者的效果是完全不一样的。因为如果当一个人处在极度的困境之中时你施以援手，那么他便可能会感恩一辈子。

在三国争霸之前，周瑜在袁术部下为官，被袁术任命做过一回小小的居巢长。

这时候地方上发生了饥荒，年成非常不好，兵乱间又损失很多，粮食问题就日渐严峻起来。居巢的百姓没有粮食吃，就吃树皮、草根，很多人被活活饿死，军队也饿得失去了战斗力。周瑜作为地方的官员，看到这悲惨情形急得心慌意乱，却不知如何是好。

有人给他献计，说附近有个乐善好施的人叫鲁肃，他家素来富裕，想必一定囤积了不少粮食，不如去向他借。

于是周瑜带上人马登门拜访鲁肃，寒暄完毕，周瑜就开门见山地说："不瞒老兄，小弟此次造访，是想借点粮食。"

鲁肃一看周瑜丰神俊朗，显而易见是个才子，日后必成大器，顿时产生了爱才之心，他根本不在乎周瑜现在只是个小小的居巢长，哈哈大笑说："此乃区区小事，我答应就是。"

鲁肃亲自带着周瑜去查看粮仓，这时鲁家存有两仓粮食，各三千斛，鲁肃痛快地说："也别提什么借不借的，我把其中一仓送与你好了。"周瑜及其手下一听他如此慷慨大方，都愣住了。要知道，在如此饥荒之年，粮食就是生命啊！周瑜被鲁肃的言行深深感动了，两人当下就交上了朋友。

后来周瑜发达了，真的像鲁肃想的那样当上了将军，他牢记鲁肃的恩德，将他推荐给了孙权，鲁肃因此得到了重用。

第三章　广结人缘，吸引资源形成强大的人际磁场

在别人最困难、最需要帮助的时候，你伸出援助之手，就能够让对方铭记一辈子，时时念着你的好，这其实是一种人脉关系的积攒。俗话说：受人滴水之恩，当以涌泉相报。你帮人忙，别人便欠了你一个人情；日后你有困难，他一定会回报你。

春秋时，赵宣孟（即赵盾）有一次看见一棵枯树下有一个人躺在地上，奄奄一息，眼看就快要饿死了。他便停车下来，给那人东西吃。那个人一点一点地咽下食物，慢慢地有了精神。

宣孟问他："你为什么饿成这个样子呢？"

那个人回答说："我在回家的路上被人打劫，吃的都被抢走了，我羞于向人乞讨，又不愿擅自拿他人的东西，所以才饿成这个样子。"

于是宣孟便送给他一些干肉，那个人拜了两拜，接受了干肉，却不肯吃。

宣孟问他是什么缘故，他回答说："我家还有老母呢，我想把这些肉留给她吃。"

宣孟说："你把这些吃了吧，我另外再给你一些。"于是又赠给他两束干肉和一些钱，便离开了。

过了两年，晋灵公派兵追杀宣孟，其中有一个士兵跑得最快，追上了宣孟，宣孟心里想着我命休矣！

没想到这个士兵对宣孟说："请您上车快跑，我来保护你。"宣孟问："你为什么要这样做呢？"

那个士兵道："我就是曾经枯树下饿倒的那个人。"于是他奋力保护宣孟，最终以死保护宣孟逃脱了追杀。

无独有偶。战国时代有个名叫中山的小国。有一次，中山君设宴款待国内的名士。当时正巧羊肉羹不够了，无法让在场的人全都喝到。有

一个叫司马子期的人,因没有喝到羊肉羹而怀恨在心,到楚国劝楚王攻打中山国。楚国是个强国,攻打中山国易如反掌。中山国被攻破,国王逃到国外。他逃走时发现有两个人手拿武器跟随他,便问:"你们来干什么?"两个人回答:"从前有一个人曾因获得您赐予的一壶食物而免于饿死,我们就是他的儿子。父亲临死前嘱咐,中山国有任何事变,我们必须竭尽全力,甚至不惜以死报效国君。"

中山国君听后,无限感叹地说:"我因为一杯羊肉汤而亡了国,因为一碗饭而得到两个忠心的勇士。"

从上面的两个事例可以看出,雪中送炭胜过锦上添花。处在困难之中的人,哪怕得到的是很小的援助,也会格外感激。

雪中送炭不仅是对别人的一种帮助,同样也是对自己的帮助。做一个雪中送炭的人,除了能保持一份最基本的善良外;还有就是在最危难时帮助过他的人,他会很深刻地记住你,一旦将来有所成就,其回报也远比锦上添花的强,因为锦上添花的人太多了,被添花者未必记得你是谁。

人活在世,必然有助人之时。所以一定要记住:救人要救急,要做到雪中送炭而不是去锦上添花。

第三章　广结人缘，吸引资源形成强大的人际磁场

开启人情账户，建立情感密码

人们常说：世上的钱债易还，人情债难还。的确，金钱的债务无论多少都有个数目，而感情的债务却无法用冰冷的数字来衡量。讲究情义是人性的一大优点，中国人尤其如此。所以，无论是交朋友还是办事，都要学会从情感投资着手，虽然短时间里不见得有多少回报，但长远来看，这种投资肯定比股票的投资收益要大。如果你能悟透其中的奥妙，不失时机地付出自己的真诚的情感，往往会收到良好的效果。

情感是一种无形的资产，巧妙地运用这种资产，你会收到意想不到的回报。你在感情的账户上储蓄，建立人情账户，就会赢得对方的信任，那么当你遇到困难或求人办事，需要对方帮助的时候，就可以得到这种信任换来的他人的鼎力相助。而人情主要来自于你以前的积累，来自于你以前为现在的情感所做的"投资"。

人情像是积蓄在人生银行账户中的财富，人情生意做得越多，人的一生的财富就会越丰厚。所以，人情账户存储的积累本身就是一笔丰厚的财富，而这笔财富是心与心的互换，是爱与爱的付出，更是金钱买不到也换不走的。其实，帮人就是积德，帮人就是积善。人都爱面子，当你给足朋友面子，他日朋友也一定会给你面子。这是中国传统文化中的礼尚往来，也是操作人情账户的全部精髓之所在。

人际往来中，帮忙是互相的，忽视了感情的交流，会让彼此的交情也

维持不了多长时间。要讲究自自然然，不故意"打埋伏"，以免被别人想："和他做朋友，如果没用处，肯定会被一脚踢开！"

中国有很多关于以心换心、以情动情的民谚，例如"投之以桃，报之以李""你敬我一尺，我敬你一丈"等，这说明付出了总会有收获。很多时候，你在为自己的人情账户储蓄的同时，被帮助的人也会牢牢记住你给予的帮助与恩情。当你遇到困境需要帮助的时候，开启你的人情账户，只有你开口甚至不需要开口，你曾经帮助过的人一定会在关键的时刻站出来，同样会帮助你渡过难关并走出困境。

同样的道理，朋友间若没有人情的维护，友谊就会随着时间的流逝而逐渐变得淡漠。为了使朋友间的感情更加牢固，我们平时一定要维护好彼此间的情谊，为自己的成功添一份助力。

懂得尊重他人，你才能获得更多朋友

交往艺术的核心在于对别人表示尊重。古人云："尊人者，人尊之。"只有尊重自己的交往对象，交往对象才会尊重你自己。在互相尊重的氛围下，交往才能顺利进行。所以，人与人之间的交往，都应建立在真诚与尊重的基础上。

有一个人想买份报纸却没有零钱，就跑到卖报的老人跟前，扔过去一张百元大钞，漫不经心地说："找钱吧！"卖报老人非常生气，说：

第三章　广结人缘，吸引资源形成强大的人际磁场

"我可没工夫给你找钱。"说罢，就夺回了那人拿到手中的报纸。那人很生气，可也没有办法。

这时，第二位顾客也遇到了类似的情况，不过他比第一个人聪明多了。只见他笑眯眯地走到报摊前，对老人恭敬地说："大爷，我碰到了一个难题，您能不能帮我一下？我现在只有一张百元钞票，可我真的想买份报纸，可以吗？"

老人笑了，他温和地说："我刚来，确实没有零钱给你找，这样吧，报纸你先看着，有零钱再给我送过来吧。"说着，就把一份报纸塞到他手里。

第二位顾客之所以能成功拿到报纸，就因为他对卖报老人很尊重，他这份尊重打动了卖报老人。

这就是尊重的力量。有时候，人与人之间的关系不能仅仅用金钱来衡量，只有对他人尊重，才能换得别人的热情相助。礼貌和尊重可以塑造友好的气氛，让社交更加顺利。哲学家威廉·詹姆士说过："潜藏在人们内心深处的最深层次的动力，是想被人承认、想受人尊重的欲望。"渴望受人喜爱、受人尊敬、受人崇拜，这是人类的天性。但是，有取必有予，我们希望获得些什么，也就必须首先付出些什么。我们希望获得别人的尊重，这就要求我们每一个人都要先学会尊重他人，这样我们才能获得别人的尊重。

迈克就曾因不尊重他人，而付出了沉重的代价。迈克是一家小服装公司的老板，其公司产品大都通过一家外贸公司销往国外。迈克的公司与这家外贸公司长期合作，保持着良好的业务往来。外贸公司的胖子经理很受迈克的欢迎。

在一次谈判中，迈克极力劝说外贸公司和他们扩大贸易范围，但胖

子经理就是不答应。迈克费尽了口舌，依然一无所获。此时，迈克恼羞成怒，胖子经理刚走，他就对手下人说："你看那胖子，往公司大门口一站，蚊子就只有侧着身子才能过来。"恰巧这时胖子经理回来取忘了拿的手机，正好听到了迈克的嘲讽。

胖子经理望了望迈克，拿起东西就走了，迈克甚是尴尬。之后他多次想方设法地向对方赔礼道歉，但胖子经理始终未置可否。这样，他们两家公司也就逐渐减少了合作，直至分道扬镳。迈克为此损失甚多。

我们都希望赢得别人的尊重，却往往忽视了我们也要尊重别人。"己所不欲，勿施于人"，这是尊重他人的基本原则。心理学研究表明，人都有友爱和受尊敬的欲望，并且交友和受尊重的欲望都非常强烈。人们渴望自立，成为家庭和社会中真正的一员，平等地同他人进行沟通。如果你能以平等的姿态与人沟通，对方会觉得受到尊重，从而对你产生好感；相反地，如果你自觉高人一等、居高临下、盛气凌人地与人沟通，对方会感到自尊受到了伤害而拒绝与你交往。

有个业务员曾说过这样一个例子。他的工作是为公司拉主顾，主顾中有一家是药品杂货店。每次他到这家店里去的时候，总要先跟柜台的营业员寒暄几句，然后才去见店主。有一天，他到这家商店去，店主突然告诉他今后不用再来了，他不想再买该公司的产品，因为该公司的许多活动都是针对食品市场和廉价商店而设计的，对药品杂货店没有好处。这个业务员只好离开商店。他开着车子在镇上转了很久，最后决定再回到店里，把事情说清楚。

走进店里的时候，他照常和柜台上的营业员打过招呼，然后到里面去见店主。店主见到他很高兴，笑着欢迎他回来，并且比平常多订了

第三章　广结人缘，吸引资源形成强大的人际磁场

一倍的货。这个业务员对此十分惊讶，不明白自己离开店后发生了什么事。店主指着柜台上一个卖饮料的男孩说："在你离开店铺以后，卖饮料的男孩走过来告诉我，你是到店里来的推销员中唯一会同他打招呼的人。他告诉我，如果有什么人值得同其做生意的话，就应该是你。"从此店主成了这个推销员最好的主顾之一。这个推销员说："我永远不会忘记，关心、尊重每一个人是我们必须具备的特质。"

尊重是人际交往的桥梁。没有尊重的交往是不可能持续下去的。只有相互尊重，才能相互认可；体验对方的心情，让对方乐于接受你的想法。

每个人都有让人尊重之处，善于发现别人的长处，就会懂得如何尊重别人。"人不如己，尊重别人；己不如人，尊重自己。"无论身处何位，尊重别人与自我尊重一样重要。一个人只有懂得尊重别人，才能赢得别人真正的尊重。

任何人都有自尊和被人尊重的需要。如果你不能满足他人的这种最基本、最简单的需求，那么他人肯定不愿意与你相处。一句古语说得好："君子敬而无失，与人恭而有礼。"只有尊敬别人才能换来别人对你的尊敬，只有互相尊敬才能互相受益。

我们活在这世上，人人都需要别人的尊重与认可。当你主动尊重别人，给人以真诚、温暖与鼓励的时候，他们也将用同样的方式对待你。

为人处世智慧书

要想钓到鱼，就必须学习像鱼一样思考

生活中，每个人做事都有自己的原则，只要我们能从别人的角度考虑问题，我们就能了解他人的想法，从而找到打开他人内心的钥匙，办事就更加容易。学会从对方角度看问题，会让你在社交中减少许多不必要的烦恼。

有这样一则小故事：

年轻的妈妈很喜欢带着自己的女儿去商场购物，可是女儿大多数时候不愿意跟妈妈去，妈妈觉得很奇怪，商场里丰富多彩的东西那么多，女儿为什么不喜欢呢？直到有一次女儿的鞋带开了，妈妈蹲下身子为孩子系鞋带时，突然看到一种想象不到的可怕景象：眼前晃动着的全是腿和胳膊。于是，她抱起孩子，快步走出商店。从此，即使是必须带孩子去商店的时候，她也是把孩子抱在怀中。母亲学会了"蹲下身来看看孩子的世界"，站在孩子的角度想问题。一切难题也就迎刃而解了。

这个故事告诉我们：人与人之间要学会换位思考，多去站在别人的角度上考虑问题，互相理解，相互热爱。

在人际交往中，如果我们换一个看问题的角度和立场，站在对方的立场上，就会产生一种奇妙的效果，这样可以给对方一种尊重感、归宿感，使对方缩短与你的心理距离，彼此达到一种心理上的沟通。

第三章　广结人缘，吸引资源形成强大的人际磁场

人生在世，凡事不妨将心比心，自己不想做的就不要勉强别人，设身处地为别人想一想。人人都是平等的，你不想被歧视、被误解，同样别人也是不想的。正所谓："己所不欲，勿施于人。"站在别人的角度考虑问题，多一分理解，多一分真诚，生活会更好。这是人际交往中的黄金法则。

汽车大王福特曾说过这样一句话："如果说成功还有什么秘密可言的话，就是全心全意地为别人着想，了解别人的态度和观点。"因为这样你不仅能得到对方的理解，而且可以更清楚地了解对方的思维轨迹，从而有的放矢，找到双方都能接受的解决问题的方案。

卡耐基每季度都要在纽约的一家大旅馆租用大礼堂讲授社交训练课程。有一个季度，他刚准备授课，忽然接到通知，旅馆方要他付比原来多三倍的租金。此时入场券早已发出，其他准备开课的事宜都已办妥。

两天以后，卡耐基找到经理说："我接到你们的通知时，有点震惊。不过，这不怪你，假如我处在你的位置，或许也会写出同样的通知。你是这家旅馆的经理，你的责任是让旅馆尽可能地多盈利。不过，让我们来合计一下，增加租金对你是有利还是不利。

"先讲有利的一面。大礼堂不出租给讲课者而是出租给举办舞会、晚会的人，那你可以获大利了。因为举行这一类活动的时间不长，他们能一次付出很高租金，比我能付出的租金当然要多得多。租给我，显然你吃大亏了。

"现在，来考虑一下不利的一面。首先，你增加我的租金，由于我付不起你所要的租金，只好离开，这样一来，你的收入反而降低了。还有，这个训练班将吸引许多的有文化、受过教育的中上层管理人员到你的旅馆来听课，对你来说，这难道不是免费的广告吗？事实上，假如你花5000元钱在报纸上登广告，你也不可能邀请到这么多人亲自到旅馆参

观,可我的训练班给你邀请来了。这难道不合算吗?请仔细考虑后再答复我。"

卡耐基讲完后告辞了。这家旅馆经理最后让步了。

由此看出,卡耐基的成功在于他始终站在对方的角度想问题。

一味地从自己的角度考虑问题,不管别人的感受,是不可能得到他人的理解与认同的。我们可以设想,如果卡耐基气势汹汹地跑进经理办公室,与之辩论,即使他能够辩得过对方,旅馆经理的自尊心也很难使他收回决定。

站在对方的立场上来考虑问题,这样看问题比较客观公正,可防止主观片面地理解问题;这是一种理解,也是一种关爱,更是人与人之间交往的基础。如果你想要准确地理解他人,就需要采取换位思考的方式与他人进行沟通。只有站在对方的位置和立场上来思考问题,才能够更准确地理解对方的想法和心理状态,才能真正找到彼此沟通的结合点,增强沟通的针对性。若只强调自己的感受而不体谅他人的想法,就很难走入他人的内心世界,很难被他人接纳。这也就是我们常说的遇事要将心比心。

时刻怀有感恩的心,何愁没有良好的人际关系

网络上有这样一句话:"我借钱给你,不是因为我钱多,而是因为在你遇难时想拉你一把;我吃饭抢着埋单,不是因为我钱多,而是我把友情看得比钱更重要。我帮你,不是因为欠你什么,而是把你当朋友。"的

第三章 广结人缘，吸引资源形成强大的人际磁场

确，交友重在交心，但对于朋友的帮忙和情谊，如果你觉得理所应当，便容易忽略或忘记，甚至有意无意中伤害了那些对我们有恩的人，所以我们要学会感恩。

感恩是人性真善美的具体体现，是一种诚挚的生活态度；感恩是每个人应有的道德准则，是做人的最起码的修养。感恩的心态有助于人际关系的建立，能够加强沟通、增进感情的积累。如果你对别人的帮助表示谢意，那么彼此的关系就会因此发生变化，彼此之间的距离也缩短了，感情也就有了呼应和共鸣。对方在兴奋欢悦之余会给予你更多的关照，更好的回报，这样交际气氛就会更加友好和谐。

感恩是认可别人帮助的价值，从而达到彼此感情交流的一种有效手段。心理学家认为，人与人之间存在"互酬互动效应"，即你如何对别人，别人也以同样的方式给予回报。道声"谢谢"，看似平常，可它却能引起人际关系的良性互动，成为交际成功的促进剂。

向别人表示你的感谢是一个积极而有意义的举动。从你那里得到过感谢的人，会希望将来再次受到你的感谢和肯定，因为他看到了自己对你的帮助能够被你认识和赞赏。你的衷心感谢也会换来对方的真心相报，日后对方还会乐意帮助你的。

在一个闹饥荒的城市，一个心地善良的面包师把城里最穷的几十个孩子聚集到一块儿，然后拿出一个盛有面包的篮子，对他们说："这个篮子里的面包你们一人一个。在上帝带来好光景以前，你们每天都可以来拿一个面包。"

瞬间，这些饥饿的孩子一窝蜂似的涌了上来，他们围着篮子推来

挤去并大声叫嚷着，谁都想拿到最大的面包。当他们每人都拿到了面包后，竟然没有一个人向这位好心的面包师说声谢谢就走了。

但是有一个叫依娃的小女孩却例外，她既没有同大家一起吵闹，也没有与其他人争抢。她只是谦让地站在一步以外，等别的孩子都拿到以后，才把剩在篮子里最小的一个面包拿起来。她并没有急于离去，她向面包师表示了感谢，并亲吻了面包师的手之后才向家走去。

第二天，面包师又把盛面包的篮子放到了孩子们的面前，其他孩子依旧如昨日一样疯抢着，羞怯、可怜的依娃只得到一个比头一天还小一半的面包。当她回家以后，妈妈切开面包，许多崭新、发亮的银币掉了出来。

妈妈惊奇地叫道："立即把钱送回去，一定是面包师揉面的时候不小心揉进去的。赶快去，孩子，赶快去！"当依娃拿着钱回到面包师那里，并把妈妈的话告诉面包师的时候，面包师慈爱地说："不，我的孩子，这没有错。是我把银币放进面包里的，我要奖励你。愿你永远保持现在这样一颗感恩的心。回家去吧，告诉你妈妈这些钱是你的了。"她激动地跑回了家，告诉了妈妈这个令人兴奋的消息。这是她的感恩之心得到的回报。

在人与人的交往中，多一些感谢，就多一份爱心，多一份温馨。人与人之间的关系会在相互的感激中更加亲密。任何人都没有无缘无故享受他人关爱的权力，因为在这个世界上，谁都没有主动对别人好的义务，所以，当别人对你好的时候，你要及时表示感谢。千万不要小看一两句感谢的话，更不要以为你和对方已经很熟悉了，就把该说的"谢谢"两个字给省略掉。感恩

第三章 广结人缘，吸引资源形成强大的人际磁场

不仅要表现在心里，更要说出来，即便是再熟悉不过的人，至少也要对对方报以感激的微笑。

当然，除了表达感谢，你还要用行动来回馈别人对你的善意，在别人需要时要尽心尽力地予以关心和帮助。这才是真正言行合一的感恩。

有一个名叫詹姆斯的穷苦学生，为了付学费，他挨家挨户地推销商品。中午的时候，他觉得肚子很饿，但身上却仅有一个铜板。于是，他便下定决心，到下一家时，向人家要餐饭吃。然而当一位年轻貌美的女孩子打开门时，他却失去了勇气。他没敢向女孩讨饭，只要求一杯水喝。女孩看出来他饥饿的样子，于是给他端出一大杯鲜奶来。詹姆斯把牛奶喝光后，说："应付多少钱？"而女孩却说："不用钱。母亲告诉我们，不要为善事要求回报。"于是他道谢后，离开了那个人家。此时，詹姆斯不但觉得自己有力气了不少，而且自信心也增强了许多。

数年后，那个年轻女孩突然病危，家人将她送进了医院，正当医生们对女孩的病情束手无策时，主治医师詹姆士来到了病房。他一眼就认出了她，他的眼中充满了惊讶的神色。他立刻回到诊断室，并且下定决心要尽最大的努力来挽救她的性命。

经过一个多月的诊治后，女孩终于起死回生，战胜了病魔。当批价室将出院的账单送到詹姆斯医生手中签字时，他看了账单一眼，然后在账单边缘上写了几个字。账单转送到了女孩的病房里，女孩不敢打开账单，因为她知道，她一辈子都可能还不清这笔医药费。最后她还是打开看了，医药费的确是一个天文数字。但在账单边缘上却写着这样一句

话:"一杯鲜奶足以付清全部的医药费!"签署人:詹姆斯医生。女孩眼中泛滥着泪水,她心中高兴地祈祷着:"上帝啊!感谢您,感谢您的慈爱,借由众人的心和手,不断地在传播着。"

感恩之心能带来更多值得感恩的事情,这是一条永恒的法则。所以我们要用加法去爱人,用减法去怨恨,用乘法去感恩。

感恩不仅仅是为了报恩,因为有些恩泽是我们无法回报的,有些恩情更不是等量回报就能一笔还清的,唯有用纯真的心灵去感谢去铭刻去永记,才能真正对得起给你恩惠的人。在生活中,如果我们每个人都不忘感恩,人与人之间的关系会变得更加和谐,更加亲切。千万不要忘了你身边的人、你的朋友、你的老板、你的同事、你的家人,他们是了解你、支持你的,说出你对他们的谢意,并用感恩的心态回报他们,这样就能得到他们更多的信任、支持和帮助,这是对你大有益处的事,何乐而不为呢?所以,生活中,你要常说"谢谢"两个字。

真诚地关心别人,会让你更受欢迎

有句话说得好:"幸福并不取决于财富、权利和容貌,而是取决于你和周围人的相处。"你想交到更多的朋友吗?那么就从善待自己、关爱他人开始吧!

第三章 广结人缘，吸引资源形成强大的人际磁场

著名的心理学家阿尔弗雷德·阿德勒写过一本书，名叫《生活对你应有的意义》。在那本书里，他说："一个不关心别人，对别人不感兴趣的人，他的生活必然遭受重大的阻碍和困难，同时会给别人带来极大的损害与困扰。所有人类的失败，都是由于这些人才发生的。"的确，一个只想着自己而对他人缺少关心的人，就会缺少吸引朋友的磁力，这样的人将会失掉生活中的很多乐趣。如果他们想成为一个受人欢迎、有人缘的人的话，那就要改变冷漠的做人态度，多关心关心别人。

35岁的李海，心宽体胖，整天乐呵呵，朋友们都亲热地称呼他为"胖哥"。胖哥是某单位的司机，大家都很喜欢他、尊重他，有人开玩笑地问胖哥身上是不是装了磁石，不然为什么这么吸引大家呢？胖哥哈哈一笑："就是有人缘！大家对我好，你羡慕了？"其实胖哥之所以人缘好，都是他靠自己的友善换来的。他的好朋友离婚后，闹着要投河，胖哥一下子请了10天假陪着他，劝说他，等朋友精神好转后，又开车带着朋友散心，终于使朋友转变了想法。同事小姜的父亲骨折住院，胖哥把小姜的家务事整个包了下来，还专门为小姜父亲炖了鸡汤送到医院，每隔两天还要代替小姜护理老人。领导大赵投资赔了一笔，大赵心烦意乱，大赵妻子寻死觅活，胖哥又充当了调解人，终于劝得这对夫妻和好如初……胖哥对每个人都那么关爱友善，而大家回报给他的则是爱戴与支持。

人人需要关爱，你我都不例外。与人交往，如果你能处处表现出关爱别人的精神，乐于助人，那么就能使自己犹如磁石一般，吸引众多的朋友。

为人处世智慧书

关爱他人是美好的品德。学会关爱，懂得去关爱别人，会使我们的生活更加美好，使我们的生活充满快乐，也会让人与人的关系更加密切，使我们与他人的友谊更加深厚。

从前，有一对农夫兄弟以种地为生，他们共同耕种一块土地，粮食丰收后各自分取一半。当时，做哥哥的已经结婚，并有了孩子，可弟弟还没有成家。一天晚上，弟弟在想：哥哥结婚有了孩子，家庭负担重，他应该多接济哥哥一些粮食。于是，他起身把自己的一些粮食挪到了哥哥的仓库里。在同一个晚上哥哥却在想：我已经有家，现在有媳妇关心我，将来有孩子照顾我，而弟弟还是单身，他应该为今后多存一些粮食。为此，哥哥起床把许多粮食挪到了弟弟的仓库里。第二天早上他们发现，自己的粮食都没有减少。于是到了第二天晚上他们也同样这样做了；第三天晚上也是一样；就在第四天晚上他们碰了面，这时他们才发现，他们彼此在对方的心中是多么的重要，彼此的关爱之情是多么的深沉。

关爱就好像一种回音，你送出什么它就回送什么，你播种什么就收获什么，你给予什么就得到什么，你关爱谁谁就关爱你。

得到他人的关爱是一种幸福，关爱他人更是一种幸福，关爱别人就是关爱自己，因为只有你关爱了别人，在你需要帮助的时候别人才会回报你，关爱别人是我们得到别人关爱的前提。

乔·吉拉德是世界上最伟大的推销员之一，他在15年里卖出13000辆

第三章　广结人缘，吸引资源形成强大的人际磁场

汽车，最多的一年竟卖了1425辆，他的成功，就要归功于他用关怀温暖了每一个人。

有一次，一位中年妇女走进他的展销室，她说想在这儿看看车打发一会儿时间。闲谈中，她告诉乔·吉拉德她想买一辆白色的福特车，就像她表姐开的那辆一样，但对面福特车行的推销员让她过一小时后再去，所以她就先来这儿看看。她还说这是她送给自己的生日礼物："今天是我55岁生日。"

"生日快乐，夫人！"乔·吉拉德一边说，一边请她进来随便看看，接着出去交代了一下，然后回来对她说："夫人，您喜欢白色车，既然您现在有时间，我给你介绍一下我们的双门轿车——也是白色的。"

他们正谈着，女秘书走了进来，将一束玫瑰花递给他。他把花送给那位妇女："祝您长寿，尊敬的夫人。"

显然中年妇女很受感动，眼眶都湿了。"已经很久没有人给我送礼物了。"她说，"刚才那位福特车行的推销员一定看我开了部旧车，以为我买不起新车，我刚要看车他却说要去收一笔款，于是我就上这儿来等他。其实我只是想要一辆白色的车而已，只不过表姐的车是福特，所以我也想买福特。现在想想，不买福特也可以。"

最后她在乔·吉拉德这儿买走了一辆车，并写了张全额支票。其实从头到尾，乔·吉拉德的言语中都没有劝她放弃福特而买自己的车的词句。只是因为她在这里感受到了被重视和关心，于是放弃了原来的打算，转而选择了乔·吉拉德的产品。

关爱他人是人们在寻求成功的过程中应该遵守的一条基本准则。在当今这样一个需要合作的社会中，人与人之间更是有着一种互动的关系。只有我们先去关爱别人，善意地帮助别人，才能处理好人际关系，从而获得他人的愉快合作。卡耐基曾在自己的书中写道："一个能够从细微处体谅和善待他人的人，一定是一个与人为善的人，必定有很好的人缘关系，这种人缘关系就是他成功的基石。"所以，任何时候，关爱他人都是必须要做到的事情。

在人脉关系网中播下关怀的种子，收获的是事业上的回报。戴尔·卡内基说过："时时真诚地去关心别人，你在两个月内所交到的朋友，远比只想别人来关心他的人在两年内所交的朋友还多。"一个从来不关心别人的人，一生必定遭受层层的阻碍，注定是个失败者。要成为受人敬重的人，必须将你的大部分注意力从自己的身上转到别人的身上去。如果你过于关心自己，就没有时间及精力去关心别人。别人无法从你这里得到关心，当然也不会注意你。

第四章　互利共赢，
你的人际吸引力会更强

第四章　互利共赢，你的人际吸引力会更强

人际交往的最高境界是"互利"

人际交往是一种双向行为，故有"来而不往非礼也"之说，只有单方获得好处的人际交往是不能长久的。所以要双方都受益，不仅是物质上的，还有精神上的，人们只有认识到这一点，才能发展理想的人际关系。

有两个人合伙做生意，一个有钱出资金，一个有人脉可以疏通关系。在共同努力下，他们的生意很红火。那个有人脉的人便起了私心，想独吞生意。于是，便向出资者归还了那些资金，这份生意算他一个人的。出资人当然不愿意，因此双方僵持了很长时间，矛盾越来越尖锐，最后两人诉诸公堂。那个有人脉的人在两人开始做生意时，便已经给对方下了套，在登记注册时，只登记了他一个人的名字。虽然出资人是原告，却因对方早就下好了套而输了官司。结果，他眼睁睁让对方独吞了生意而没有办法。从此，两个人的关系破裂了。

我们知道，互利是人际关系能够持续发展的内在要求。人与人之间的相处如果没有做到互惠互利的话，就不可能建立和谐融洽的人际关系。但是，要做到互惠互利不仅仅是一方的事情，它要求合作的任何一方都要有双赢的理念，显然上例中有人脉的人缺乏互利的双赢思维，最终导致两个人的合作及关系的破裂。

互惠互利,是双赢思维的典型体现。如果你从别人那里得到了恩惠,反过来你也应该给予别人好处,这就是互惠互利的根本所在,也是建立良好人际关系的前提条件。

于利民是一位青年演员,英俊潇洒,很有天赋,演技也很好,刚刚在电视上崭露头角。为了进一步增加自己的知名度,他非常需要一个公共关系公司为他在各种报纸杂志上刊登照片及有关他的文章,但是他没有钱,也没有机会。

后来,经朋友介绍,他认识了张天娜,她曾经在纽约一家公共关系公司工作过好多年,她不仅熟知业务流程,而且也有较好的人缘。几个月前,她自己开办了一家公关公司,并希望最终能够打入公共娱乐领域。但是让她烦恼的是,到目前为止,一些比较出名的演员、歌手、夜总会的表演者都不愿与她合作,她的生意主要还只是靠做一些小买卖和经营一家零售商店。

于利民与张天娜一拍即合,立即联手。于利民成了张天娜新公司的代理人,而她则为他提供经费。这样,于利民不仅不必为自己的知名度花钱,而且随着名声的扩大,也使自己在业务活动中处于一种更有利的地位。而张天娜也借助于利民的名气变得出名了,很快就有一些有名望的人找上门来。二人各取所需,合作达到了最高的境界,他们的友谊也因此变得更加牢固。

提到"互惠互利"这个词,一般会让人觉得其带有功利性的色彩。可是,互惠互利并不仅仅指功和利的方面,不是只有在谈到"功"和"利"时才能使用这个词。我们在日常生活中得到他人的关照时，例如，在工作上得到他人的帮助或下班后别人请自己吃饭等，我们就应该以某种方式表达感激之情，这也是互惠互利。

这里所说的关照是指传递爱心，表达自己感激之情的一种方式，它不仅仅局限于赠送一些礼品。在看到给予自己关照的前辈很忙时，问一声："我能帮些什么？"这也是一种很好的表达自己感激之情的方式，也是互惠互利的根本精神所在。

关照对方是建立良好人际关系不可缺少的互惠互利精神。如果能具有"为对方做些什么呢"这种关照对方的想法，那你一定会获得良好的人际关系，你的事业也一定会蒸蒸日上，并且你的生活和你的一生也会因此而受益。

人际交往是互惠互利的，而这种互惠互利首先源于你自己的行为，也就是说，你种下善，那么得到的就是善；如果你种下恶，那你得到的就是恶。因此，不要总是要求别人如何如何对你，你应该首先审视自己的行为。法国哲学家居友说："我们每个人都有很多很多的爱，比维持我们生存所需要的多得多，我们应该把它分散给别人，这就使生命开花。"一个对别人友善的人，肯定会给人留下好的印象，会有好人缘，会得到他人的爱戴和帮助。

帮助别人，你会获得更多

人际交往中，如果你想要别人成为你的朋友，首先你就得把别人当作朋友。正所谓："与人方便，于己方便。"它体现在人们相处之时，能够互相体谅，互相理解，互相谦让，彼此给对方以方便。这样可以使家庭、工作、社会更加和谐有序。

遗憾的是，现实生活中在一些人的头脑里，一直认为要帮助别人，自己就要有所牺牲；别人得到了，自己就一定会失去。其实很多时候，帮助别人并不意味着自己吃亏，这也是帮助自己。正如爱默生所说："人生最美丽的补偿之一，就是人们真诚地帮助别人之后，同时也帮助了自己。"

维克多是从父亲的手中接过这家食品店的，这家古老的食品店很早以前就在镇上远近闻名了，他希望能够通过自己的努力，让食品店更加兴旺。

一天晚上，维克多正在店里收拾货物、清点账款，因为第二天他将和妻子一起去度假。他打算早早地关上店门，以便为外出度假做准备。忽然，他注意到店门外不知何时竟站着一位面黄肌瘦的年轻人，他衣衫褴褛、双眼深陷，一看就知道是一个流浪汉。

维克多是个热心肠的人。他走了出去，对那人说道："年轻人，有

第四章 互利共赢，你的人际吸引力会更强

什么需要帮忙的吗？"

年轻人略带点腼腆地问道："这里是维克多食品店吗？"他说话时带着浓重的墨西哥味。"是的。"维克多点了点头。

年轻人更加腼腆了，他低着头，小声说道："我是从墨西哥来找工作的，可是整整两个月了，我仍然没有找到一份合适的工作。我父亲年轻时也来过美国，他告诉我他在你的店里买过东西，喏，就是这顶帽子。"

维克多看见小伙子的头上果然戴着一顶十分破旧的帽子，那个被污渍弄得模模糊糊的"V"字形符号正是他店里的标记。"我现在没有钱回家了，也好久没有吃过一顿饱餐了。我想……"年轻人继续说道。

维克多知道眼前站着的人只不过是多年前一个顾客的儿子，但是，他觉得自己应该帮助这个小伙子。于是，他把小伙子请进了店内，好好地让他饱餐了一顿，并且还给了他一笔路费，让他回国。

不久，维克多便将此事淡忘了。过了十几年，维克多的食品店越来越兴旺，在美国开了许多家分店，他于是决定向海外扩展，可是由于他在海外没有根基，要想从头发展又困难重重。为此，维克多一直犹豫不决。

正在这时，他收到了一封来自墨西哥的信件，原来写信人正是多年前他曾经帮助过的那个流浪青年。此时，当年的那个年轻人已经成了墨西哥一家大公司的总经理，他在信中邀请维克多来墨西哥发展，与他共创事业。这对于维克多来说真是喜出望外，有了这位总经理的帮助，维克多很快在墨西哥建立了他的连锁店，而且店面经营发展得异常顺利。

一个流浪青年，谁又能想到多年之后，他能成为大老板呢？倘若当时维克多没有帮助这位青年，他的事业之路也不会发展得那么顺利。

由此可见，你怎样对待别人，别人就会怎样对待你。从这一意义上说，帮助别人就是帮助自己，"送人玫瑰，手有余香。"生活的哲理是：有付出，必有收获；你如何对待朋友，他们就如何对待你。友善对待每一个人，这样你的人脉关系才会越来越广，在人际交往中的口碑才会越来越好，那么你通过人际关系获得成功也就成为必然了。综观各行各业的成功人士，无不是乐于助人，善于帮助他人的人。

乔伊斯在美国的律师事务所刚开业时，连买一台复印机的钱都没有。移民潮一浪接一浪地涌进美国时，他接了很多移民的案子，经常在半夜的时候被唤到移民局的拘留所领人。他开一辆破旧的车，在小镇间奔波。经过多年的努力，他的事业得到了很大的发展，业务扩大了，处处受到礼遇。

天有不测风云，一念之差，乔伊斯将资产投资股票几乎亏尽——更不巧的是，岁末年初，移民法又再次修改，职业移民名额削减，顿时律师事务所门庭冷落，几乎快要关门了。

正在此时，乔伊斯收到了一封信，是一家公司的总裁写给他的，信中说：愿意将公司30%的股权转让给他，并聘他为这家公司和其他两家分公司的终身法人代理。看完信后，他又惊又喜，不敢相信这是真的。乔伊斯带着疑惑找上门去。

总裁是个40岁开外的波兰裔中年人，见到他后，笑着问道："还记得我吗？"

乔伊斯摇摇头，总裁微微一笑，从办公桌的大抽屉里拿出一张很皱的五美元汇票，上面夹的名片印着乔伊斯律师的电话、地址。对于这件

第四章 互利共赢，你的人际吸引力会更强

事，他实在想不起来了。

总裁看了看他，缓缓地说道："10年前，在移民局，我在排队办理工卡，当时人很多，我们在那里拥挤和争吵。当轮到我的时候，移民局已经快关门了。当时，我不知道申请工卡的费用涨了五美元，移民局不收个人支票，我身上没带钱，如果我再拿不到工卡，雇主就不会雇我了。就在这个紧急关头，你从身后递了五美元上来，我要你把地址留下，以后好还钱给你，你就给了我这张名片。"

乔伊斯也慢慢想起了这件事，但是仍将信将疑地问："后来呢？"

总裁继续道："后来我就在这家公司工作，很快我就发明了两项专利。我到公司上班后的第一天就想把这张汇票寄出，但是，我却一直没这么做。我一个人来到美国闯天下，经历了许多冷遇和磨难。这五美元改变了我对人生的态度，所以，这张汇票是不能这么随随便便就寄出去的……"

乔伊斯做梦也没有想到，多年前的小小善举竟然获得了这样的回报，仅仅五美元就把两个人的命运改变了。

人们常说善有善报。生活向来如此，当我们看到需要帮助的人时帮助他们一下，那在我们自己遭遇困难时，通常也能够得到别人善意的帮忙。

一位哲人说："一个不肯助人的人，他必然会在有生之年遭遇大困难，并且大大伤害到其他人。"是的，每个人都不是独立地存在在这个世界上的，每个人都会遇到困难，遇到自己解决不了的问题。这个时候，我们就需要向别人求助，如果我们能得到别人的帮助，那么我们就会心存感激，希望他日自己也可以为别人做些事情。同样地，当我们帮助别人时，别人也会心存感激，希望他日伸出援助之手，帮助我们。

许多人活一辈子都不会想到，自己在帮助别人时，其实真正是帮助了自己。在日常生活中，许多偶然的事情，将会决定你未来的命运，而生活却从来不会说什么，但却会用时间诠释这样一个真理：帮助别人，就是帮助自己。

事实上，我们总想从别人那里获取更多的东西，自己却吝啬哪怕一点点的付出。心理学家马斯洛指出：人都有爱与被爱的需要。我们更关注被爱和受尊重的感受，却往往忽视了爱与尊重他人的前提。其实，你只要主动去关照、帮助一下别人，你眼前的世界也许就会因此而改变。所以，我们要舍弃一些不必要的自我意识，帮助别人做一些力所能及的事情。记住：当我们搬开别人脚下的绊脚石时，也许恰恰是在为自己铺路。我们在帮助别人的时候，也就是在帮助我们自己。

学会分享，任何时候都不要"吃独食"

古语有云：与君同行，分之即得之。意思是说：和别人在一起，如果你愿意和身边的人分享你的东西，那么你得到的一定比失去的多。在当今的社会中，"分享"已经成为商业活动中不可缺少的品质。分享，是现代人际交往的基础，也是生活品质得以提升的表现。只有懂得与人分享，乐于与人分享，敢于与人分享，才能充分得到别人的尊重与认可，才能让你的事业走向成功。

第四章　互利共赢，你的人际吸引力会更强

有句话说得好：财散人聚。对于经商，不能一直以谋求利益为经商之目的。你要把利益与别人分享，这样才会赢得他人的信赖，聚集人心，这样一来自己的业务范围、合作伙伴才会越来越多，生意越做越大。与人分利是获得成功的重要秘诀。

吉田忠雄是日本吉田工业株式会社的董事长，吉田工业是世界上最大的拉链制造公司之一，年营业额达25亿元。年产拉链84亿条，其长度达190万公里，足够绕地球47圈。吉田忠雄本人被称为"世界拉链大王"，他说他的成功是由于"善的循环"。这与他小时候捕鸟时受到的教育是分不开的。

吉田忠雄的父亲吉田久太郎是个稳重而又有正义感的小鸟贩子，他以捕捉、饲养、贩卖小鸟为生。七岁时，吉田忠雄就上山给父亲做帮手。他们捉鸟从来不捕幼鸟，不捕喂养期的成鸟。用吉田久太郎的话说，首先得保证鸟类能够代代繁衍，这样才可以永远都捕到鸟。这是一个善的循环。它在吉田忠雄的心中打上了深深的烙印。在捕鸟、驯鸟的岁月里，吉田忠雄吸收了影响他一生的营养，他从鸟儿那里悟到了热爱自由、坚强不屈的品质，这为他日后艰苦创业，登上世界"拉链大王"宝座打下了坚实的基础。

25岁时，吉田忠雄创办了专门生产销售拉链的3S商会。50岁时，吉田忠雄建成了世界一流的拉链生产工厂，完成了年产拉链长度绕地球一周的宏愿。每逢有人追问他的成功之道时，吉田忠雄总是笑着说："我不过是爱护人与钱而已。人人为我，我为人人，不为别人利益着想，就不会有自己的繁荣。对赚来的钱，我也不全部花完，而是一部分作为员工的红利，一部分再投资于机器设备上。一句话，就是

善的循环。"

吉田忠雄信奉"善的循环"哲学。他相信在互惠互利的情况下,才能真正做到双赢。公司支付的红利,他本人只占16%,他的家族占24%,其余60%由公司员工分享,这是其他老板难以做到的。吉田忠雄要求公司职员把工资及津贴的10%存放在公司里,用来改善设备,提高利润;员工每年可以分到八个月以上的资金,但他要求员工资金的2/3购买公司的股票,公司由此增加资金,员工薪水与资金更加提高,且可以拿到20%股息。由此形成公司与员工之间的"善的循环"。

散财聚人心,这是经商的至高境界,也是聚拢人心的不二法门。在经商过程中,主动与人分享利益,赢得的是他人的信任、更多的业务伙伴,以及未来的市场。

蒙牛乳业集团的创始人牛根生有句很著名的话:"财聚人散,财散人聚。"当你散一散自己的钱财时,大家会更愿意跟着你做事,即使当你不如意时,如果你之前一直坚持与人分享的心态,你的团队也不会离开你,因为他们相信,只要你有吃的,你就会分给他们一口。这些看似简单的道理,很多的人却不一定能做到。所以,我们一定要拥有分享的心态。只有学会了分享和分担,才能够获得大家的理解和支持,才能够增强自己的竞争力。

第四章　互利共赢，你的人际吸引力会更强

别占小便宜，容易吃大亏

现实社会中，大家都喜欢和那些豪爽热情、开朗大方的人往来，而不太愿意同贪小便宜的人打交道。但却总有这样一些人，他们很喜欢贪小便宜，总是想方设法占人家一些小便宜。这种人和别人一起吃饭，总是喜欢使用小聪明而让对方埋单；他和朋友一起坐公交车时，找借口没零钱，或者和朋友打车时，说自己忘记带钱了。这种人，表面看起来是占了别人不少便宜，但是他的行为却让大家都讨厌。如果大家都讨厌他，他的人缘自然就会差，需要找人帮忙时，可能就没有人愿意了。

人们在处理人际关系时有一个致命的弱点，即喜欢占小便宜。你可能以为自己因为占了小便宜就会多了一些好处，并因此而沾沾自喜。殊不知，每一次你因为占小便宜而对他人造成的影响与不公都会增加别人在你面前的不安全感，累加到一定时候，量变到质变，你的口碑因此会变得很糟糕，以至于没有和你打过交道的人都会防备你，从而造成你更大的人际损失。

王丽是一个漂亮的女孩子，但却有一个令人讨厌的坏习惯——喜欢占小便宜。

上大学期间，王丽为了省点钱买零食吃，很少用自己买的牙膏、洗面奶之类的东西。每次都是趁着同学早起洗漱的时候，她就凑上前，

挤人家的牙膏，或者蹭人家的洗面奶，要不就是用人家的护肤品。刚开始，大家没说什么，时间长了，大家就都知道她爱占小便宜了，没有人再愿意搭理她，她也总是自讨没趣，常常只能一个人待着。

可是，王丽并没有接受教训，步入社会以后，她的行为更是变本加厉了。比如一个同事买了一袋纸巾，她就会拿上几包，然后说："先让我用你几包啊，等过几天我买了再还你。"但是这只不过是嘴上功夫罢了，等她用完后，她自然会去找另外一个同事要。

不仅如此，王丽还常常找同事借钱，大家一起逛街时，她很喜欢买零食，但是每次她都不从自己的钱包里拿钱，逮住谁就向谁借："哎，先给我垫五块钱呗，我这会儿没零钱，等我钱换开了就给你！"同事通常都会替她垫付。可问题是她从来就不还，次数多了，大家都知道她爱占小便宜，都不愿意跟她在一起，也没人搭理她了，就这样，王丽又成了孤家寡人。

通常，爱占小便宜的人，人们都会避而远之。这种人没有良好的人际关系，也很难积累起长期稳定的共同利益群体。因为没有人愿意和一个天天算计起来没完的家伙推心置腹地相处。如果每个人都试图从与别人的交往中占小便宜，那人们之间就根本无法相处，所以，占小便宜是破坏人际关系最大的一个因素。

不仅如此，占小便宜者经常会不可抗拒地陷入他人已经挖好的陷阱。因为陷阱就像掺进甜蜜毒药的一块涂满奶油的蛋糕。贪小利的人只看到了蛋糕而看不出里面的毒药。现实生活中能够抵制诱惑而不落入陷阱中的人并不是很多，很多人之所以以身试毒，无非是经不住"利益"这块蛋糕的诱惑，因为他们爱占小便宜。

第四章　互利共赢，你的人际吸引力会更强

在一个大城市里，一位女士在地铁站口被一名陌生人拦住，陌生人向其兜售偷盗而得的一台"照相机"，女士在被明确告知是赃物的情况下由于贪小便宜，结果还是舍财买走了这台"照相机"。谁知回到家后才发现自己上当受骗了，这台所谓的赃物相机，只不过是个中看不中用的模型而已。

可能你会觉得这位受骗的女士很可怜，不过她实在是不值得同情，只能说是她自作自受。受骗女士在被明确告知货品为盗窃所得的情况下，仍因贪图个人私利义无反顾地买了那台廉价"相机"，这件事反映的是当事人的爱占小便宜的心态，正因为如此她最终的下场只能是自己搬起石头砸自己的脚。这位自作聪明的女士，心里只想着占小便宜，结果聪明反被聪明误。

俗话说："贪小便宜吃大亏。"它的意思告诉人们，不要因小失大；只顾眼前，不顾长远；捡了芝麻，丢了西瓜。这是永久的真理。一旦让贪图小利影响了个人形象，所有的人会避之唯恐不及，你甚而被人利用，人生和事业都将走向失败。

有一个从农村来深圳打工的妇女，她并没有什么文化，开始的时候是给别人当保姆，后来在大街上摆小摊儿卖胶卷。她一个胶卷永远只赚一角钱，这笔生意让她越做越大，后来她开了一家摄影器材店，还是坚持一个胶卷赚一角钱，批发量大得惊人，深圳搞摄影的全都知道她。外地人的钱包丢在她那儿了，她花了很多长途电话费才找到失主；有时候算错了账多收了别人的钱，她也会匆忙找到人家把钱还给人家。在深圳，再牛气的摄影商，也会乖乖地去她那儿拿货的。

生活就是这样,不占小便宜的人,生活也不会让他吃亏。如果你只看到眼前的利益,而没有想得更长远,那么你可能会掉进生活的陷阱,既占不到便宜又吃大亏。诗人柳宗元说过:"廉不贪,直不倚。"如果自己坚守目标,放宽眼界,就不会为眼前利益所动,自己做到不占小便宜,生活则不会亏待你。

宁愿自己吃亏,也要让别人满意,这才是君子的所作所为。自己吃亏可以使朋友高兴,可以保住大家都不伤面子、不伤情义,这样的人能不被人信赖和欢迎吗?

社交的本质就是帮助他人成功,同时让自己更成功

社交的本质就是不断用各种形式帮助他人成功。共享出你的知识与资源、时间与精力、朋友与关系、同情与关爱,从而持续地为他人提供价值,这也会同时提高自己的价值。美国文学家爱默生说:"人生最美好的一项补偿,就是凡事诚心诚意地帮助他人,最终自己也一定会受益。"古罗马作家塞内卡也说:"让自己获得好处的最佳方法,就是将好处施与别人。"所以,你想要获得成就、人缘,就要布施、要服务、要帮助别人。

你能让多少人成功,就有多少人帮助你成功。一个人能成功并不是他从别人那里获取了很多,但绝对是有很多人愿意支持他。因为你先帮助别人得

第四章 互利共赢，你的人际吸引力会更强

到了他们想要的，当别人得偿所愿时，他们自然会给你你想要的。生活中，我们不要老是想从别人身上得到什么，应该想我能够给予别人什么，付出什么样的服务与价值来让对方先获得好处。当你能持续这么做，并且大量帮助别人获得价值的时候，也就是你成功的时候了。因为那些获得你帮助的人会在你身边慢慢累积成一股庞大的力量，回馈给你所需要的帮助与支持。

成功的人都是主动付出的人。然而一般人都在等待别人先付出，都希望别人先服务他。只想获取，不愿先付出，这样人们会远离你。你失去人们的支持，也自然失去了成功的机会。成功者的相通之处，就是他们在帮助别人实现事业的同时，顺便做成了自己的事业。

赵大海是一家制衣厂的个体老板，他以几万元起家，在短短六年内发展成拥有几千万资产的服装制造商。他之所以能站住脚，靠的就是懂得投桃报李。在创业初期他深知自己财单力薄，不可能单凭个人实力与同行业的大厂家竞争，必须联合所有的人力、物力、财力。而要做到这一点，就必须以心换心。

有一次，赵大海厂里生产的一种连衣裙，在北方某个省份失去了销路，零售商天天打电话要求退货，这可急坏了地区批发商，他连夜赶来找赵大海商量对策。这可是个大问题，如果把货收回来，积压在家里，批发商将受到巨大的经济损失。

赵大海二话没说："你的困难，就是我的困难，不管什么原因造成了这种局面，我都绝不会让你受损失，你把这批连衣裙统统收回，送到我这里调换成别的式样的裙子。"这个地区经销商感动地说："但也不能让你一个人吃亏呀！"赵大海说："产销一家嘛，我们都是一家人，谁受损失都一样，这事理应由我来处理。"这件事传出以后，全国各地

的批发商对赵大海更加敬重了。批发商、零售商对赵大海为人着想的做法都很感动。

"天有不测风云。"在1998年百年一遇的大洪水中，赵大海用贷款修建的现代化服装厂遭受了灭顶之灾，设备、材料、产品被冲得几乎一干二净，辛苦数年积攒的全部家底都在洪水中化为乌有。赵大海犹如遭到了晴天霹雳，欲哭无泪，他甚至想到了死。在他万念俱灰的时候，他的销售网络中几个较大的批发商登门拜访，鼓励他重整旗鼓。可是，赵大海还债的钱都没有，哪还有资金兴建工厂。一位批发商爽快地说："你放心，只要你肯继续干下去，钱的事包在我们身上了。"另一位说："过去，我们困难的时候，你帮助了我们，现在我们也绝不能袖手旁观。"五天后，那几位批发商召开了来自全国各地几百位批发商的集资大会，仅仅两个多小时，他们就凑齐了赵大海重建厂子所需的资金，一星期后，赵大海就恢复了工厂的生产。

只有帮助别人，才能成就自己。这是利人利己的人际交往模式，也是双赢的生意法则。有些时候，成功并不在于你赢过多少人，而在于你帮过多少人。记住，帮助别人成功的同时，你自己也会成功。

第五章 正确表达自己,你才会更有吸引力

第五章　正确表达自己，你才会更有吸引力

非凡的谈吐，总能让人另眼相看

在人际交往中，我们都应该通过交谈来打动别人，很多人之所以深受他人喜爱，在很大程度上归功于其善于辞令。第一印象最重要，口才好的人最容易给人留下深刻的第一印象。优雅的谈吐可以使自己广受欢迎，更有助于你事业的成功。

美国南北战争结束后，有一个叫约翰·爱伦的普通人和一个在南北战争中的著名英雄陶克将军竞选国会议员。陶克功勋卓著，曾任过两三次国会议员，口才也很好。他在竞选演讲即将结束时，说了几句很带感情色彩的话："诸位同胞们，记得17年前(南北战争时)的今天，我曾带兵在一座山上与敌人激战，经过激烈的血战后，我在山上的树丛里睡了一个晚上。如果大家没有忘记那次艰苦卓绝的战斗，请在选举中，也不要忘记那吃尽苦头、风餐露宿造就伟大战功的人。"

这话应该说是很精彩的，许多听众都认为爱伦必输无疑了。然而，爱伦不慌不忙，说了几句很轻松的话，便扳回了局面。他是这样说的："同胞们，陶克将军说得不错，他确实在那次战争中立了奇功。我当时是他手下的一个无名小卒，替他出生入死，冲锋陷阵。这还不算，当他在树丛中安睡时，我还携带着武器，站在荒野上，饱尝寒风冷露的滋味儿，来保护他。"

这话比陶克说得更高明。因为听众中许多人是南北战争时的普通

士兵，所以，爱伦的话更容易激起这些人的共鸣。果然，爱伦击败了陶克，最终跨进了国会大厅。

不凡的言谈举止，总能够吸引听众、打动别人，还会有助于你事业的成功。古人云："三寸之舌，强于百万之师。"纵观古今中外那些可以左右逢源的人，往往都是能言善辩之辈。这是因为一个人拥有出众的口才，便能更加轻易地引起别人的注意、获得别人的赞同，从而达到事半功倍的效果。对他们来说，优秀的口才就是他们胜人一筹的秘籍。

人的社会性决定每个人都不是一个孤立的存在，都离不开与他人的沟通和交流。事实上，世界上没有任何一个正常的人不需要和别人交流，也没有任何一种工作不需要和别人打交道。所以，好口才在人际交往中变得越来越重要了。拥有好口才，不仅能让你更好地与他人交流，从而将事情做得更加顺利；而且能够让你获得他人的好感，为自己增添更多人生的助力，化解各种人生的危机。

相传，有家父子冬天在镇上卖便壶（俗称"夜壶"，旧时男人夜间或病中卧床小便的用具）。父亲在南街卖，儿子在北街卖。不多久，儿子的地摊前有了看货的人，其中一个看了一会儿，说道："这便壶大了些。"那儿子马上接过话说："大了好哇！装的尿多。"那人听了，觉得很不顺耳，便扭头离去。在南街的父亲也遇到了顾客说便壶大的情况。当听到一个老人自言自语说"这便壶大了些"后，父亲马上笑着轻声地接了一句："大是大了些，可您想想，冬天夜长啊！"好几个顾客听罢，都会意地点了点头，继而掏钱买走了便壶。

父子两人在一个镇上做同一种生意，结果迥异，这原因就在会不会说话上。我们不能说儿子的话说得不对，确实，便壶大装的尿多，他是实话实说。但不可否认，他的话说得欠水平，粗俗的语言难以入耳，令人听了

第五章　正确表达自己，你才会更有吸引力

很不舒服。而那个父亲则算得上是一个说话高手。他用"冬天夜长啊"这句看似离题的话暗示顾客：冬天天冷夜长，夜解次数多且又怕冷不愿意下床是自然的，大便壶正好派上用场。这设身处地的善意提醒，顾客不难明白。卖者说得在理，顾客将便壶买下来也就是很自然的了。

儿子一句话砸了生意，父亲一句话盘活了生意。正所谓：一句话让人跳，一句话让人笑。这也正说明了口才的重要性。一个人要想在复杂的人际关系圈里游刃有余地与他人交流，就应该拥有良好的口才。因为，好口才具有无穷的魅力。它会让原本就熟识彼此的人情意更浓，爱意更深；会使陌生的人相互产生好感，产生深厚的友情；可以使意见有分歧的双方相互理解，消除矛盾；还可以令彼此怨恨的人化解敌意，友好相处。

现代社会高度重视社交，良好的谈吐则是社交中最重要的制胜因素之一。拥有了良好的谈吐，你就能在现代社交活动中，跟他人进行充分的交流和有效的沟通，以增进了解、沟通感情，最终达到互助合作的目的。那么，如何才能做到使自己的谈吐更动人呢？

1. 释放你的真诚。在人际交往中，真诚就是魅力。真实、真情和真诚的态度是说话者的法宝。因为一个人说话时的态度是决定其谈话成功与否的重要因素。谈话时交谈双方都互相观察注意着对方的表情、神态，稍有不慎就会使双方不欢而散或陷入僵局。当别人遇到不幸时你去看望安慰，你一定要同情、专注；别人有了成绩你去祝贺，你就要真诚、热情、愉快。如果你三心二意、心不在焉就是失礼，这会引起别人的反感。所以，只有在言谈之间释放出你的真诚，才能打动人、感染人，才能获得他人的信任，才能拥有真诚的朋友，才能取得事业的成功。

2. 优雅的举止。常言道："小节之处见精神，言谈举止见文化。"一个人优雅的谈吐、自然的举止，不是为了某种场合硬装出来的，而应是日常生活中形成的习惯，是一种长久熏陶、顺乎自然的结果。要成为一个举止优雅

的人，就要在平时为成为交际场合中的强者而有意识地调整、训练自己的言谈举止，不断提高自己的文化素养，从而让自己成为交际场合中的强者。

3. 不要以个人为中心。交谈时应多讲大家共同关心的热点话题，尽量少讲"我怎么样""我如何"等话题，否则，会引起对方的反感，给人以自吹自擂、骄傲自满的感觉。谈话时要尊重对方，除表现在自己讲话时要亲切、热情、真诚，要双目注视对方，专心倾听外，还表现在要让对方充分发表观点，尊重别人的意见和建议等方面。交谈时，不可以我为中心突然打断或公然反驳、否定甚至讽刺、嘲笑对方的谈话，而应用商讨、疑问的语气提出问题或看法。

4. 语音、语调平稳柔和。我们知道语言美是心灵美的表现。有善心才有善言。因此要掌握柔言谈吐，首先应加强个人的思想修养，同时还要注意在遣词用句、语气语调上的一些特殊要求。比如应注意使用谦辞和敬语，忌用粗鲁污秽的词语；在句式上，应少用否定句，多用肯定句；在用词上，要注意感情色彩，多用褒义词、中性词，少用贬义词；在语气语调上，要亲切柔和，诚恳友善，不要以教训人的口吻与他人谈话或摆出盛气凌人的架势。在交谈中，要与他人眼神交汇，带着真诚的微笑。

5. 谈话要看准对象。交谈不是一个人思想与情感的自我发展，而是多人合作互动的过程。因此，在交谈过程中，所谈的话要符合对象的身份要求，从称谓到措辞、从话题到语气都要尽量合乎对象的特点，做到恰如其分。

6. 谈话要掌握分寸。在人际交往中，哪些话该说，哪些话不该说，哪些话应怎样去说才更符合人际交往的目的，这是交谈礼仪应注意的问题。一般说，善意的、诚恳的、赞许的、礼貌的、谦让的话应该说，且应该多说。恶意的、虚伪的、贬斥的、无礼的、强迫的话语不应该说，因为这样的话语只会造成双方的冲突，从而破坏关系，伤及感情。有些话虽然出自好意，但措辞用语不当、方式方法不妥，好话也可能引出坏的效果。所以语言交际必须对说的话进行有效控制。掌握说话的分寸，才能获得好的效果。

第五章　正确表达自己，你才会更有吸引力

真心地称赞他人，即使是很小的优点

生活中，每一个人都希望得到别人的赞美。赞美能激发人的自豪感和成就感，营造美好的心境，促生其进取的动力。而赞美者在赞美、鼓励别人的同时，也会改善自己与别人的关系。要想获得友谊，诚心地赞美别人，必定能如愿。

张晓和吴斌在同一家公司工作，两个人平时关系比较好。后来因为一件小事产生了误会，两个人很长时间都不说话，彼此感觉都非常尴尬。但因为自尊心作祟，谁也不愿意先开口讲和。一天，张晓看到一篇关于在背后说人好话的文章，于是灵机一动。她在与办公室其他同事闲聊的时候，趁吴斌不在，就对别的同事说了几句吴斌的好话："其实吴斌这人挺不错的。为人正直、热情，有好几次她都对我伸出援手。如果没有她，我现在的工作也不会这么顺心，我内心还是很感激她的。"这几句话很快就传到吴斌的耳朵里了。听到这些话，吴斌心里不由得生出一丝愧疚，于是找了个合适的机会，主动和张晓握手言和了。

赞美能赢得友谊。赞美如花香，芬芳而怡人。能以赞美之言予人者，必得人缘，所以和人相处，最重要的就是赞美。当你真心赞美别人的时候，你何尝不是在赞美自己拥有宽广的胸怀！而对方也会怀着感激之情在心灵深处赞美你，你会因此获得更多信任和友谊。

在人际交往中，善于赞美他人的人，似乎比较吃香。当一个人听到别人赞美的话时，心中总是非常高兴，脸上堆满笑容，口里连说："哪里，我没那么好，你真是很会讲话。"即使他人事后冷静地回想，明知对方所讲的是奉承话，却还是抹不去心中的那份喜悦。因此，赞美是与人交际必备的技巧，赞美话说得得体，会使你更讨人喜欢。

有一位销售人员去拜访一个新顾客，主人刚把门打开，一只活泼可爱的小狗就从主人脚边钻了出来，好奇地打量着他。销售人员见此情景决定马上改变原本设计好的销售语言，他装着惊喜地说："哟，多可爱的小狗！是外国的品种吧？"

主人自豪地说："对呀！"

销售人员又说："真漂亮，毛都收拾得整整齐齐的，您一定天天帮它梳洗吧！真不容易啊！"

主人很愉快地说："是啊！是不容易的，不过它很惹人喜欢。"

销售人员就这条狗展开了话题，然后又巧妙地将话题引到他的真正意图上。待主人醒悟过来时，已不好意思再将他扫地出门了。

真诚地赞美别人，这是令人开心的特效药。发自内心的赞美可以让我们快速地获得陌生人的好感，同时也可能会给我们带来意想不到的帮助。

由衷的赞美，是最令对方温暖却最不令自己破费的礼物。当然，它的价值也是难以估计的。当你用心观察到对方的优点，并且发自真心地表达赞美，彼此的关系便在一言一语中逐渐建立、累积。莎士比亚曾经说过这样的一句话："赞美是照在人心灵上的阳光．没有阳光，我们就不能生长。"心理学家威廉姆·杰尔士也说过这样的一句话："人性最深切的要求就是渴望别人的欣赏。"在人与人的交往中，适当地赞美对方，会增强彼此间的友谊。这样你存在的价值也就被肯定，也使你得到一种成就感。

第五章　正确表达自己，你才会更有吸引力

法国总统戴高乐在访问美国时，在一次尼克松为他举行的宴会上，尼克松夫人费了很大心思布置了一个美观的鲜花展台：在一张马蹄形的桌子中央，鲜艳夺目的热带鲜花衬托着一个精致的喷泉。戴高乐将军一眼就看出这是女主人为了欢迎他而精心设计制作的，不禁脱口称赞道："女主人为举行一次正式宴会，要花很多时间来进行这么漂亮、雅致的计划和布置。"

尼克松夫人听了十分高兴。事后，她说："大多数来访的客人要么对此不加注意，要么不屑为此向女主人道谢，而他总是能够注意到细节且从不吝啬赞美。"此后，不论两国之间发生什么事，尼克松夫人始终对戴高乐将军保持着良好的印象。

赞美是进行成功的人际交往的一种重要能力。在与人共事时，在求人办事时，不妨多说几句赞美的话、表扬的话，这样就能给对方留下良好的印象，就会点燃双方友谊的火焰，使你受益匪浅。

不要以为赞美别人是一种付出。从"生命能量"的观点来说，这其实是一种能量的转换，对别人赞美的时候，你已经获得了更多的力量。俗话说"良言一句三冬暖"，人一旦被认定其价值后，总会喜不自胜，在此基础上，你再提出自己的请求，对方自然就会爽快地答应下来。心理学家证实：心理上的亲和，是别人接受你意见的开始，也是转变态度的开始。由此可知，求助者要想在求人办事过程中取得成功，一个行之有效的方法就是给予其真诚的赞美。赞美别人是一种有效的情感投资，而且投入少、回报大，是一种非常符合经济原则的行为方式。

有一个年轻人应邀去参加一个盛大的舞会，可是年轻人却显得心事重重。一位年长的女士邀请他共舞一曲，随着欢快的舞曲，年轻人也变

得开朗起来。

  一曲结束,年轻人对年长的女士给予了由衷的赞美,对她的舞技大加赞赏。年长的女士听到有人这么欣赏她的舞技,显得很开心。出于好奇,女士忍不住询问年轻人刚开始时,为何愁眉不展。

  年轻人讲出了原因,原来年轻人是一家运输公司的老板,可是由于自然灾害的原因,他的公司遭受了很大的损失,已经接近破产的边缘。年轻人已经没有多余的资金维持公司的周转了,即使想翻身也没有机会。

  事有凑巧,年长女士的丈夫是当地一家大银行的行长,女士很爽快地把年轻人介绍给了她的丈夫,她的丈夫随即找人对年轻人的公司进行了分析和调查,随后给他贷款了100万,帮助年轻人渡过了难关,解了燃眉之急。

  赞美是人际关系的催化剂。真诚的赞美往往会迅速缩短人与人之间的距离,从而达成有效沟通的目的。鼓励和赞美他人,使他人有一种满足感,这对交往来说,有不可估量的作用。所以,在人际交往中,我们要善于发现别人身上的优点,恰到好处地赞扬别人。

做一个好的听众,让对方畅所欲言

  生活中,很多人之所以不讨人喜欢,不能给人留下良好的印象,原因是他们不能耐心地做一个很好的听众。教育家卡耐基说过:"做个听众往往比做一个演讲者更重要。专心听他人讲话,是我们给予他人的最大尊重、呵护

第五章　正确表达自己，你才会更有吸引力

和赞美。"每个人都认为自己的声音是最重要的、最动听的，并且每个人都迫不及待地想表达自己的愿望。在这种情况下，友善的倾听者自然成为非常受欢迎的人。所以，如果要别人喜欢你，原则是：首先做个好听众，并随时鼓励对方谈谈他自己的事。

美国汽车推销之王乔·吉拉德曾有一次深刻的体验。一次，某位名人来向他买车，他推荐了一种非常好的车型给他。那人对车很满意，并掏出10000美元现钞，眼看就要成交了，对方却突然变卦了。

乔·吉拉德为此事懊恼了一下午，百思不得其解。到了晚上11点他忍不住打电话给那人："您好！我是乔·吉拉德，今天下午我曾经向您介绍过一部新车，眼看您就要买下，为什么却突然走了？"

"喂，你知道现在是什么时候吗？"

"非常抱歉，我知道现在已经是晚上11点钟了，但是我检讨了一下午，实在想不出自己错在哪里了，因此特地打电话向您讨教。"

"真的吗？"

"肺腑之言。"

"很好！你用心在听我说话吗？"

"非常用心。"

"可是今天下午你根本没有用心听我说话。就在签字之前，我提到我的吉米即将进入大学念医科，我还提到他的学科成绩、运动能力以及他将来的抱负，我以他为荣，但是你却毫无反应。"

乔·吉拉德不记得对方曾说过这些事，因为他当时根本没有注意。乔·吉拉德认为自己已经谈妥那笔生意了，他无心听对方说什么，反而在听办公室内另一位推销员讲笑话。这件事让他领悟到"听"的重要性，让他认识到如果不能自始至终倾听对方讲话的内容，认同客户的心理感受，难免会失去自己的客户。

一个讲话者总希望他的听众听完他发表的意见，如果你对此漫不经心，或者毫不在乎，这就在一定程度上伤害了他的自尊心，他原来对你的好感也会在顷刻间化为乌有。如果你要在沟通中赢得他人的好感，那么你首先要做到的便是用心的倾听。正如一位心理学家所说："以同情和理解的心情倾听别人的谈话，我认为这是维系人际关系，保持友谊的最有效的方法之一。"

外国有句谚语："用10秒钟的时间讲，用10分钟的时间听。"倾听是人际交往中一项很重要的制胜法宝。一个在人群中滔滔不绝地发言的人或许很容易得到大家的尊敬和钦佩，可是一个懂得倾听并善于鼓励别人的人，能更容易得到他人的好感和信任。

基德是威廉见到的最受欢迎的人士之一。他总能受到邀请参加一些私人聚会。

一天晚上，威廉碰巧到一个朋友家参加一个小型社交活动。他发现基德和一个漂亮女孩坐在一个角落里。出于好奇，威廉远远地注意了他们一段时间。威廉发现那位年轻女士一直在说，而基德好像一句话也没说。他只是有时笑一笑，点一点头，仅此而已。几小时后，他们起身，谢过男女主人，走了。

第二天，威廉见到基德时禁不住问道：

"昨天晚上我看见你和全场最迷人的女孩在一起。她好像完全被你吸引住了。你怎么抓住她的注意力的？"

"很简单。"基德说，"有个朋友把她介绍给我认识后，我只对她说：'你的皮肤晒得真漂亮，在冬季也这么漂亮，是怎么做到的？你去哪呢？阿卡普尔科还是夏威夷？'"

"夏威夷。"她说，"夏威夷永远都风景如画。"

"你能把一切都告诉我吗？"我说。

"当然。"她回答。我们就找了个安静的角落,接下去的两个小时她一直在谈夏威夷。

"今天早晨,那个女孩打电话给我,说她很喜欢我陪她。她说很想再见到我,因为她认为我是最有意思的谈伴。但说实话,我整个晚上没说几句话。"

看出基德受欢迎的秘诀了吗?很简单,基德只是让那个女孩谈自己感兴趣的话题。他对每个人都是:"请告诉我这一切。"这足以让一般人激动好几个小时。人们喜欢基德就因为他愿意倾听他们的故事。

由此可见,专注、认真地倾听别人谈话,向对方表示你的友善和兴趣,这样做的最大价值就是能使你深得人心,能使双方感情相通、休戚与共,增加信任度。

人们都喜欢善于倾听的人,倾听是使人受欢迎的基本技巧。人们被倾听的需要远远大于倾听别人的需要。倾听是心与心的交流,只有善于倾听的人,才会赢得很多的朋友。

投其所好,谈对方感兴趣的话题

人际交往中,我们怎样做才最能打动人心呢?最佳的方法莫过于投其所好了。谈论对方感兴趣的事物,对方会认为我们是善解人意的人,从而对我们产生好感。

卡耐基在书中就写过:"我们要对他人真诚地感兴趣,聆听对方的谈话，就对方的兴趣来谈论以及鼓励他人谈论他自己。"当我们对他人感兴趣的时候，自然而然就会去关注他人的一举一动。那么他的每一个细节都有可能是我们与他交谈的切入点。

投其所好是说话的一个技巧。谈论对方感兴趣的话题，是为了与对方找到共同话题，为自己随后要说的话做铺垫。只要双方有话可谈，再不失时机地进行适当的赞美，对方就会对你产生好感。

杜维诺先生是纽约一家高级面包公司的总裁，他一直试着把面包卖给纽约的某家饭店。一连四年，他每天都要打电话给该饭店的经理。他甚至还在该饭店订了个房间，住在那儿，以便做成这笔生意。但是他都失败了。

杜维诺先生说："在研究过这位饭店经理之后，我决定改变策略。我决定要找出那个人最感兴趣的是什么——他所热衷的是什么。

"我发现他是一个叫作'美国旅馆招待者'的旅馆人士组织的一员。他不只是该组织的一员，他还被选为主席以及'国际招待者'的主席。不论会议在什么地方举行，他一定会出席，即使他必须跋山涉水。

"因此，这次我见到他的时候，我开始谈论他的那个组织。我看到他的反应真令人吃惊。多么不同的反应！他跟我谈了半个小时，都是有关他的组织的，语调充满热忱。我可以轻易地看出来，那个组织是他的兴趣所在，他的生命火焰。在我离开他的办公室之前，他'卖'了他组织的一张会员证给我。

"虽然我一点也没提到面包的事，但是几天之后，他饭店的大厨师见到我的时候说：'你把他说动了！'

"想想看吧！我缠了那个人四年——一心想和他们饭店合作——如果我不是最后用心去找出他的兴趣所在，了解到他喜欢谈的是什么话

第五章　正确表达自己，你才会更有吸引力

题，那我至今仍然只能缠着他。"

一个人若想赢得他人的赞许，打动他人的心，最佳的方式是投其所好，即迎合他人的兴趣。这就要求我们必须首先了解他人。了解他人，主要是了解对方的价值取向和兴趣点，就是了解对方对什么事情最关心、最有兴趣。一件事对某个人来说很重要，但对另一个人来说却未必重要，也许只是小事一桩，甚至不值一提。如果你不了解对方的兴趣点，只顾自说自话，根本就引不起他人的兴致，这就起不到沟通的作用。所以，你一定要了解他人的兴趣点，必须把对方认为重要的事情摆在你也认为重要的位置上。你关心他的兴趣所在，这体现出你对他的了解和理解。

有一次，业务员王鹏出差去西安，任务是与当地一家公司签订销售电脑的合同。王鹏到了这位公司老总的办公室，看到老总的书架上放了一整排房地产方面的书籍。王鹏开始并没有直接进入推销电脑的话题，而是跟老总闲聊了起来。

"李总，听您口音是西安本地人吧。西安真是个好地方，我一下飞机就喜欢上这儿了。"

李总面露微笑："是啊，我从小在这古城墙下长大的，大学毕业后又开始创业，我恐怕一辈子也不会离开这里了。"

王鹏又说："毕竟是六朝古都，西安就是有一种低调的大气在里面，不用张扬，外人却都感觉得到。"

一番开场白说得李总频频点头。王鹏趁热打铁："李总，我看到您有好多房地产方面的书，您真是博学。"

"也没有，只是初步了解一下，西安的房地产也越来越发达了，我也有意涉足。"

"真是太巧了，我哥哥就是做房地产的，我跟您说说他们的事情吧。"

就这样，王鹏与李总从房地产说到金融业，从基金股票聊到保险期货，甚至于人民币升值和美军在伊拉克的局势都聊得热火朝天。结果聊着聊着都时近中午了，老总突然想起了王鹏此行的目的，让王鹏介绍了所在公司销售的电脑的情况，又看了合同，爽快地签了字。

最后李总对王鹏说："看你这个人的性格和谈吐，我就知道你们的产品肯定差不了，如果这次合作愉快，我们二期办公室改造的电脑采购还交给你们公司，我下次就找你了。"

一次谈话，不仅谈成了生意，而且拓展了潜在的业务。推销员王鹏的成功之处就在于他发现了领导的兴趣爱好，找到了与领导说话的共鸣点。所以说，要使对方喜欢你，原则上是要拿对方感兴趣之事当话题，让对方感觉到自己的重要。在满足对方之后，很多事情都迎刃而解了。

古人说："话不投机半句多。"只要抓住了对方的兴趣点，投其所好，不仅不会"半句多"，而且会千句万句也嫌少，越谈越投机，越谈越相好。所以说，与人沟通的诀窍就是：迎合对方的兴趣说话。每个人都有各自不同的兴趣与爱好，一旦你能找到其兴趣所在，并以此为突破口，那你的话就不愁说不到他的心坎上了。

第五章　正确表达自己，你才会更有吸引力

善用肢体语言，为你平添无限魅力

肢体语言又称身体语言，是指经由各种动作来传达人物的思想，从而代替语言达到表情达意的沟通目的。它是一种双向的表达和沟通方式。恰当得体地运用表情和肢体，能够配合语言表达人们的思想、感情和态度。

在某些情况下，肢体语言甚至可以取代话语的位置，发挥传递信息的功效。美国作家威廉姆·丹福思曾有这样一段描述："当我经过一个昂首、收下颚、放平肩膀、收腹的人面前时，他对于我来说，是一个激励，我也会不由自主地站直。"

这段话道出了肢体语言对他人产生微妙影响的玄机。即便在你沉默不语的时刻，你的姿态、神情，已经在无声地告诉人们你是谁，并且一定程度上决定了人们将如何对待你。

在西方的商业领域和政治领域，很多成功人士深刻理解到了身体语言在领导中的作用。国外最新的研究表明：现在所有沟通行为中，单纯的语言成分只占17%，声调占38%，另外的55%信息都需要由非语言的肢体来传达。由此可见，一个善于沟通的人必定要善于运用身体语言。

1927年的一天，毛主席带领的部队遭到了武装袭击而被打散了，最初收拢的部队只有40多人，情况非常糟糕。大家又饥又饿，无精打采，稀稀落落地散坐在地上。毛主席此刻站起身来，朝中间空地上走几步，双脚并拢，身体笔挺，精神抖擞地对大家说："现在来站队！我站第一名,请曾连长喊口令!"毛主席这种坚强镇定的精神,立刻强烈地感染了战士们,战士们纷纷提着枪站起来,向排头看齐。

1944年8月,美军上校戴维·包瑞德访问延安。在《美军观察组在延安》一书中回忆了他听毛主席演讲时的所见所感:"他总是神态自如。当他清楚、有效地提出他们的观点时,他并不咆哮如雷,也没有看天空、敲桌子等不自然的举动。他引用的幽默辛辣的民间谚语,不时引起听众一阵阵大笑。如果有过一位演讲家通过手势吸引他的听众,那么他正是毛泽东。"

从上面的事例可以看出,通过肢体语言的合理利用,因势利导,能够更好地影响和带动他人。在人际交往中,如果你想增强个人吸引力,提高口才能力,其关键就取决于你能不能运用恰当、自信的肢体语言,包括恰当的站姿、立姿、坐姿、体态、手的姿势、表情和语调。

身体是无声的语言,它在你开口说话之前就传递出了信息,使人对你产生第一印象。除了少数肢体语言的天才,大部分人对肢体语言的把控都来自后天的锤炼。训练肢体语言,意味着要养成一种得体、有度的好习惯。对于追求成功的人来说,学会运用肢体语言塑造自己的形象是很重要的。

肢体语言的运用是一项重要技巧,下面,为大家介绍一下肢体语言的特征和象征意义,以便我们在与人的交流中能够更好地利用自己的肢体语言。

1. 目光的交流:眼睛可以反映人的情绪、态度和情感变化。俗话说,"眼睛是心灵的窗口",人与人之间的沟通有时不需要说话,仅仅靠眼神就能传情达意了。很多时候,有效的目光交流也是保障沟通顺畅的润滑剂。

目光的交流,首先要注意双眼注视的部位。在你与对方沟通时应用亲切、友好的目光注视对方的面部,并与对方进行直接的目光接触和交流。人的面部可以分为两个区域，额头至双眼之间是正三角区，注视这一部位表示双方谈话都处于非常严肃、认真状态；双眼到嘴之间是倒三角区，注视这里有利于传递礼貌友好的信息。你可以根据谈话性质的不同选择不同的注视部位。其次，要注意目光停留的时间。在与对方交流时既不可以不看对方，也不可以直盯着对方不放，应自然、大方地与对方进行目光交流，让对方在你的注视下，感受到温暖和舒适。再次，要注意注视的方式。与对方交流时应保持正视，即要一本正经地看着对方，让对方感受到你的认真和对他的重视。一般平视会让对方感到自然亲切，不要居高临下地俯视对方，更不可摆出一副不屑一顾的表情。另外，适时给予对方一些积极的目光的注视既是一种尊重，也是一种鼓励，对于对方来说，你眼神流露出的一点点赞赏，也会大大鼓励对方继续畅所欲言。

2. 开放的姿态：当一个人双臂交叉在前胸的时候，往往会给他人一种明显的自我保护的暗示——感到不够确定或者不够安全。这样的防御性姿势也会引发别人的戒备心理，这显然不会让你受欢迎。当然，双手交叉在背后会显得比较有信心和气势，不过在东方文化中这种讲话式的姿势显得有些不够谦虚谨慎。比较而言，开放性的肢体语言比较放松，容易让人亲近。例如，双臂自然下垂或者在适当的时候微屈前臂伸出双手，有谁会拒绝一个接纳的姿势呢？如果你实在是觉得开放的姿势比较困难，不妨双手交叉在腰以下，不过手不要搓来搓去，这样会让人感觉你不自信。

3. 得体的行为：有些人在和他人的沟通过程中会有不自觉的看表、翻阅文件、乱写乱画等行为，这些做法会使对方产生你很厌烦或你对话题不感兴趣的感觉，这样的沟通显然是无法顺利进行的。在与对方沟通的过程中一定要专注，停下手中不相关的工作，要做出点头和恰当的面部表情，当然也不能刻意追求效果，任何反应都不能夸张。

4. 身体的接触：可以通过与他人的身体接触来实现沟通。恰当地运用身体触摸，可以更好地拉近彼此的距离。比如可以用与对方握手、拍拍对方的肩膀、给对方一个拥抱等方式来表达友好、鼓励、安慰等情感。不过，在使用身体触摸方式时必须考虑双方的年龄、级别、性别、场合等因素，不可随心所欲、任意妄为，以免引起不必要的误会和麻烦。

说服即是吸引，说服他人改变想法

人与人的观念和意见不可能都是相同的，如果沟通中遇到与自己的意见不一致的情况，不要采取强制的方式让对方与自己保持统一。智慧的方法是，通过准确、完整地表述自己的意见及其理由，让人接受你的意见。

有个"的姐"（出租车女司机）把一男青年送到指定地点时，对方掏出尖刀逼她把钱都交出来，她装作害怕的样子交给歹徒300元钱说："今天就挣这么点儿，要嫌少就把零钱也给你吧。"说完她又拿出20元找零用的钱。

见"的姐"如此爽快，歹徒有些发愣。"的姐"趁机说："你家在哪儿住？我送你回家吧。这么晚了，家人该等着急了。"见"的姐"是个女子又不反抗，歹徒便把刀收了起来，让"的姐"把他送到火车站去。

见气氛缓和，"的姐"不失时机地启发歹徒："我家里原来也非常困难，咱又没啥技术，后来就跟人家学开车，干起这一行来。虽然挣钱不算多，可日子过得也不错。何况自食其力，穷点儿谁还能笑话我不

第五章 正确表达自己,你才会更有吸引力

成!"见歹徒沉默不语,"的姐"继续说:"唉,男子汉四肢健全,干点儿啥都差不了,走上这条路一辈子就毁了。"

火车站到了,见歹徒要下车,"的姐"又说:"我的钱就算帮助你的了,用它干点正事,以后别再干这种见不得人的事了。"一直不说话的歹徒听罢突然哭了,把300多元钱往"的姐"手里一塞说:"大姐,我以后饿死也不干这事了。"说完,低着头走了。

在这个事例中,"的姐"对歹徒晓之以理,动之以情,渐渐消除了对方的防范心理,最终达到了说服的目的。事实上,说服别人接受自己的观点、意见、办法等,是一件复杂而困难的事情。而人类社会交际中又时时处处离不开说服,在某种程度上它决定了一个人的命运。

说服的魅力就在于能够让别人对你产生信任感,让别人释解自己的防御心理。如果一名汽车推销员来拜访你时,你一定会首先想到:这家伙又来向我推销汽车了。并且,纵使他说的再动听,你心里也会有自己的一道防线,这是很正常的防御心理,就看你如何去打开别人的心扉了。

当林肯竞选美国上议院议员时,他需要到伊利诺伊州南部的一些地方演说,以赢取那里的选票。但是要达到这个目的却困难至极——那些地方的人们对他极不信任,甚至有敌对的心理。

这是因为,林肯是一个废奴主义者,而那些地方的农场主却拥有大量的黑奴,他们自然不会希望林肯当选。这种政见和利益的对立是十分尖锐的。他们甚至扬言,只要林肯一来,他们就会立即把他杀死——这些当地人即使在公共场合也腰挂短枪、身带利刃。

面临如此巨大的危险,我们可以想象林肯在做决定时需要多么大的勇气。但是,这些威胁并没有阻止林肯前进的步伐,他说:"给我几分

钟，我就能说服他们。"

在演说之前，林肯与当地的几位重要的人物一一握手，然后开始了他的演说：

"伊利诺伊的朋友们，肯塔基的朋友们，密苏里的朋友们！我来之前就听说过一个谣言，说你们中间有些人要跟我作对——如果有的话，那么这些人一定就坐在下面吧？但我不相信这是真的，因为你们没有理由这么做；因为我也像你们一样，是从穷苦的乡村中艰难地爬出来的，也是一个爽快而直率的平民。那么，为什么我不能和你们一样发表自己的意见呢？朋友们！我了解你们比你们了解我要多得多！你们将来会知道，我是怎么样的一个人。我并不想跟你们作对，所以，你们也绝不会跟我作对的。现在，我站在这里，我们就已经成了朋友。我相信你们会愿意交我这个朋友的，因为我是一个谦和的人。我诚恳地要求你们给我说几句话的时间。你们——勇敢而豪爽的人们，一定不会拒绝我这个朋友的小小的要求的。那么现在，就让我们开诚布公地讨论一下问题吧！"

听完林肯的这段话之后，原本愤怒的人们开始为他喝彩。结果是，这里的大部分人后来成了林肯的朋友——他们开始并终生信任他。也正是这些人，后来帮助他成为美国的总统。

在说服他人的时候，取得对方的信任是很重要的。只有对方信任你，才会正确地、友好地理解你的观点和理由。只有对方信任你，才会理解你友好的动机。否则，如果对方不信任你，即使你说服他的动机是友好的，对方也不会愿意接受。可以想象得到，一个对我们心怀戒备的人是不会听从我们的建议的。因此，说服他人时若能取得他人的信任是非常重要的。

每个人心里都有对事物的看法，只不过各人的看法存在某些差异。从

第五章　正确表达自己，你才会更有吸引力

心理学的角度讲，从心灵深处去进行劝导、说服对方，才能真正让别人认可你自己的观点。但人的心理因素是复杂而细腻的，心理因素常常会受到情绪的影响。所以说服他人也需要采用巧妙的方法，这样才容易让对方接受你的观点。

公元前266年，赵惠文王死了，太子继位，因其年幼，由母亲赵太后掌权。秦国乘机攻赵，赵国向齐国求援。齐国说，一定要让长安君到齐国做人质，齐国才会发兵。长安君是赵太后宠爱的小儿子，太后不让去，大臣们劝谏，赵太后生气了，说："谁敢再劝我让长安君去齐国为质，老妇我就要往他脸上吐唾沫！"左师触龙偏在这时候求见赵太后，赵太后怒气冲冲地等着他。

触龙步伐缓慢地来到太后面前，说："臣最近腿脚有毛病，只能慢慢地走路，请原谅。很长时间没有来见太后，但我常挂念着您的身体，今天特意来看看您。"太后说："我也是靠着车子代步的。"触龙说："您每天饮食大概没有减少吧？"太后说："用些粥罢了。"这样拉着家常，太后脸色缓和了许多。

触龙说："我的儿子年小才疏，我年老了，很疼爱他，希望能让他当个王宫的卫士。我冒死禀告太后。"太后说："可以。多大了？"触龙说："15岁，希望在我死之前把他托付给您。"太后问："男人也疼爱自己的小儿子吗？"触龙说："比女人还厉害。"太后笑着说："女人才是最厉害的。"

这时，触龙慢慢把话题转向长安君，对太后说：父母疼爱儿子就要替他长远打算。如果您真正疼爱长安君，就应让他为国建立功勋，否则一旦"山陵崩"（婉言太后逝世），长安君靠什么在赵国立足呢？太后听了，说："好，长安君就听凭你安排吧。"于是，触龙为长安君准备

了上百辆车子,送他到齐国做人质。接着,齐国也派兵救了赵国。

迂回地表达反对性意见,可避免彼此直接的冲撞,减少摩擦,使对方更愿意考虑你的观点,而不被情绪所左右。所以,与他人说话要想取得理想的效果,不仅要真诚相待,还要善于动脑,讲究一点谈话的艺术,尤其是当他人固执己见,谁去劝说他都不理不睬,泼水不进的时候,巧妙的劝说办法就是避其锋芒,以迂为直。

从触龙和太后之间的谈话中,我们看以看出触龙很懂得说服他人的方式和方法。在整个谈话过程中,他谦和、善解人意,尽量避免与太后正面冲突。同时,他又站在太后的角度想问题,让自己的意见变成太后的看法。他没有教太后需要做什么,而是帮助太后自己去体会与感悟。最终使看似没有商量余地的事情产生了转机。

事实上,懂得说服技巧的人,他不会勉强别人与自己有相同的观点,而会巧妙地把他人的思想引导到自己的思想上来。那些善于用语言准确、贴切、生动地表达自己思想感情的人,办事往往圆满。反之,不懂得语言艺术的人,最后自己也会陷入困境。

很多时候,你的阅历、见识、内涵就体现在你的谈吐上。出色地说服力能够使你的价值充分体现,使你焕发光彩。所以拥有出色的说服力,可以吸引他人更多地关注自己,进而了解自己,从而为自己的才华找一个展示的舞台。

第六章 积极的思想，
为你吸引正能量

第六章 积极的思想，为你吸引正能量

剔除消极想法，用积极的力量创造奇迹

在不断塑造自我的过程中，对人影响最大的莫过于选择积极的态度还是消极的态度对待事物。思想上的这种抉择可能给我们带来前进的动力，也可能阻滞我们前进。

心态决定我们的生活，有什么样的想法，就有什么样的未来。拿破仑曾风趣地说："我们每个人都佩戴着隐形护身符，护身符的一面刻着积极的心态，一面刻着消极的心态。"

有一次，迈克到芝加哥的一个餐会上为房地产经纪人演讲，那一次经历他至今记忆犹新。演讲之前，迈克愉快地和左边的绅士寒暄，这是迈克当天所犯的最大错误。当迈克问他最近生意如何时，原以为他会谈得口沫横飞，没想到他却大吐苦水。他告诉迈克通用汽车公司正在罢工，所以根本没有人买鞋子、衣服、车子，当然更没人会买房子。他的消极态度深具传染性，迈克想：只有他离开，房里的气氛才会开朗起来。

幸好后来有人问他问题，迈克的耳根才算清净下来。他赶快跟右边的女士交谈。问她："最近好吗？"这个问题有很大的发挥空间，结果你猜她说什么？"迈克先生，你知道通用汽车公司正在罢工……"迈克心想："天啊！又来了！"接着，她绽放动人的笑脸说："所以生意是相当好，大家现在都有时间仔细选购理想的家园。他们对美国经济有信心，知道罢工迟早会结束。最重要的是，他们知道现在是买便宜房子最好的时机，现在生意真是应接不暇。如果再继续罢工六个礼拜，我今年就可以开始休假了。"

同样一场罢工，可以使一个人面临破产，也可以使另外一个人致富，其中最大的差别就在于两者的心态。如果你的思想消极，做事必定暮气沉沉，毫无起色；如果你的思想积极，做事也必定是得心应手，一帆风顺。

在任何特定的环境中，人们还有最后的自由，就是选择自己对待问题的态度。一个人只要改变内在的心态，就可以改变外在的生活环境和生存状态，这是我们这代人最伟大的发现之一。态度决定着人生的成败：我们怎样对待生活，生活就怎样对待我们。有研究证明：失败者中，只有10%的人是被竞争对手打败的，剩下90%的人都是自己打败了自己，主动放弃了成功的机会。所以任何时候，我们都不能为失败找借口，而要积极地为成功找方法。

日本著名企业家西村金助正是利用了积极的心态帮助自己成为富翁的。他原来是一个穷光蛋，经常吃不饱饭，过着有上顿没下顿的日子。可是，他却总对别人说自己总有一天会成为大富豪。凡是听到这话的人都笑话他"不自量力""痴人说梦"。可西村金助对自己将来能成为有钱人这一点一点儿也不怀疑。这种积极的心态使他顽强进取，处处留心生活中有可能使他发财的机会。

为了尽快富起来，他借钱办了一个小玩具厂，专门制造沙漏。沙漏是一种古老的计时工具，在时钟未发明之前，人们用它来预测时间。有了时钟以后，沙漏成了古董。可是，西村金助的生意并不好，每年只能销售很少的沙漏，工厂已经濒临倒闭。这时，那些说他"癞蛤蟆想吃天鹅肉"的人又站出来嘲笑他。对此，西村金助丝毫不在意，他相信自己

第六章　积极的思想，为你吸引正能量

一定能够找到一个很好的解决办法。

机会终于来了。一天，他看到一本讲赛马的书。书上说："马匹在现代社会失去了它的运输功能，但是又以高娱乐的价值出现。"西村金助是个有心人，他感到灵感突然出现了：对，我一定能够找到沙漏的新用处！他振作起来，把全部身心都投入沙漏研究上。经过苦苦思索和研究，他决定做出一个限时三分钟的沙漏，在三分钟里，沙漏里的沙子就会全部漏下来。把这种沙漏挂在电话机旁边，这样，人们在打电话时就不会超过三分钟了，就可以节省许多电话费。

新设计的沙漏一上市，销路好得不得了，平均每个月能销出三万个。原来即将破产的小工厂一夜之间成了大企业，西村金助也摇身一变成了大富豪。

无论对我们的生活还是事业，积极的心态都是至关重要的。如果你是一个能保有积极的心态，能掌握自己的思想，并引导它为自己的生活目标服务的人，你就能够获得成功。不要让你的心态使你成为一个失败者。成功永远是那些抱有积极思想的人所取得的，并由那些以积极的心态努力不懈的人所保持的。

有一天，拿破仑·希尔刚走出办公室，拦了一辆出租车。一上车便感觉到司机是个很快活的人，他吹着口哨，一会是电影《窈窕淑女》中的插曲，一会是美国国歌。看他乐不可支的样子，希尔便搭腔说："看来你今天心情不错！"

"当然喽！为何要心情不好？我最近悟出了一个道理，情绪暴躁和消沉都没好处，因为事情随时都会发生转机。"接着，司机便讲了一个自己的故事。

"那天一早，我开车出去，想趁上班高峰期多赚点钱，可是事与愿

违。那天天真冷,好像用手一摸铁皮,马上就会被粘住似的,车开出没多久,车胎便爆了。我也快气炸了!我拿出工具来,边换轮胎,边嘟囔着。可是天气太冷,只要工作一会儿,便得动动身子,暖暖手指头。就在这时,一辆卡车停了下来,司机从车上跳下来。使我更惊讶的是,卡车司机居然开始动手帮忙。轮胎修好之后,我一再道谢,但是卡车司机挥挥手,不以为然地跳上车走了。"

司机接着说:"因为这件事,我整天的心情都很好。看来事情总是有好有坏,人不会永远倒霉的。起初因为轮胎爆了我很生气,后来因为卡车司机的帮忙心情就变好了,连好运似乎也跟着来了。那天早上忙得不得了,客人一个接着一个,所以口袋里进的钱也多了。塞翁失马,焉知非福。不要因为事情不如意就心烦,凡事都会有转机的,只要能用正确态度对待,好运将会陪伴着你。"

从此以后,那位司机再也不会被人生中的不如意困扰了。他将一生信奉这个理念,认为凡事都会有转机,都可能否极泰来,这就是真正的积极心态。

当我们遭遇挫折或陷入困境时,往往都会感叹或抱怨世事不公。然而,总有一些人不被逆境所打垮,即使在最艰难的时刻,仍会自我鼓励,甚至还会尽量用自己的积极情绪去感染他人。由于他们始终能保持积极乐观的态度,并积极寻求解决问题的方法,因此他们总能让希望之火重新点燃。

积极的心态是成功的法宝。如果你想改变自己的世界,改变自己的命运,那么首先应该改变自己的心态。只要心态是积极的,你的世界也会是光明的。在社会生活中,人们总会遭遇种种不幸、磨难和挫折,也因此会有各种各样不同的心态,而不同的心态往往影响着一个人的命运。在实际生活中,我们可能会遇到很多困难和压力,而唯有用积极的心态直面复杂、多变乃至残酷的现实社会,方能摆脱各种烦恼和困惑,创造辉煌的明天。

第六章 积极的思想，为你吸引正能量

相信"命由己定不由天"，我的命运我做主

在日常生活中，说到命运，我们常常听到的说法是："人的命，天注定。"或是："命中只有一斗米，走遍天下不满升。"还有："生不逢时，命运不济"等。这些对命运的悲观论调在不少人脑子里已经根深蒂固，因此，我们非常有必要在人们的意识里重新建立"命运在自己手里"的观念。

有一个年轻人，他认为自己自命运不济，无论如何努力奋斗都不能达到成功。有一次，他去拜访一位禅师，问道："这个世界上到底有没有命运？"

禅师说："当然有啊！"

年轻人再问："命运究竟是怎么回事？既然命中注定，那奋斗又有什么用？"

禅师没有回答年轻人的问题，只是笑着抓起他的左手，说先给他看看手相，算算命。禅师先给他讲了一通生命线、爱情线、事业线等诸如此类的话，接着对年轻人说："把手伸好，照我的样子做一个动作。"说完，禅师举起左手，慢慢地且越来越紧地抓起拳头。年轻人也照着样子举起左手，抓紧了拳头。

禅师问："抓紧了没有？"

年轻人有些迷惑，答道："抓紧啦。"

禅师又问："那些命运线在哪里？"

年轻人机械地回答:"在我的手里呀。"

禅师再追问:"请问,命运在哪里?"

年轻人如当头棒喝,恍然大悟:命运在自己的手里!

由此可见,只有自己才是命运的主宰者。你的人生是你的,应该由你自己来决定。做个积极主动的人,还是做个消极被动的人,全由你自己来决定。前者是自己的主人,后者是别人的奴隶。

在人生的道路上,每个人都是自己命运的主宰者和创造者,每个人都有权改变自己的命运。它取决于人对命运的态度,只要能够清楚地洞察命运之奥秘,就能够做自己命运的主人。

《华盛顿邮报》是美国华盛顿的第一大报纸,它以独到的见解和勇敢求实的风格而闻名,白宫的高级决策者们,无不在每天阅读它。这家报纸的前发行人、董事会主席就是有着犹太血统的女强人——凯瑟琳·格雷厄姆。

当初,凯瑟琳是在丈夫去世后仓促接管报纸的,处处都是男人,这是凯瑟琳遇到的第一个问题,因为他们办事果断,能说会道,有抱负、有远见、信心十足,同他们相处很容易感到自己迟钝。男人本来就够难对付了,何况他们又不是一般的男人,有时,看起来他们好像是用另一种语言讲话,这使她感到惊恐,这使她感到自己不相称,因为他们懂的比自己多得多。

凯瑟琳找到老朋友李普曼,向他吐露了自己的心情。李普曼建议她每天阅读自己办的报纸,如有的报道她不理解,干脆把记者叫来,平心静气地在办公室里问一些问题,从交谈中了解情况,把问题从专家们神秘的世界里挖掘出来,展开讨论。她逐渐了解到《华盛顿邮报》并不是一家完美的报社,一直存在着很多的问题。于是凯瑟琳决定改革。

第六章 积极的思想，为你吸引正能量

报纸的兴旺关键在于人才。希拉德利原是《新闻周刊》的主编，在凯瑟琳的丈夫买下这家杂志之后，希拉德利和凯瑟琳有矛盾。但当下，为了事业，凯瑟琳断然把希拉德利安排到《华盛顿邮报》任副主编，并很快提升他为社长。希拉德利把一批普利策奖获得者、最有才华的人都聚集在自己周围，组成了光彩夺目的记者群，《华盛顿邮报》焕然一新。到20世纪60年代，该报的财政预算由1962年的290万美元提高到了730万美元，工作人数增加了35%，报纸的页数从56页增加到100页，发行量增加了15%，年利润差不多是原来的两倍。

1971年，《华盛顿邮报》开始公开出售股票，但是股票销售情况不好，股票公司不知道如何销售这种特别的股票，除此之外，华尔街有许多保留，因为他们信不过一个女人领导的公司。这样一来，凯瑟琳就不得不去参加华尔街分析家们推销股票的辩论会。

出席辩论会的那天，凯瑟琳害怕得要命，但是在发表讲话过程中，她似乎一口大气都没喘。她给人们留下了深刻的印象，表现出自己是一个坚强的有吸引力的女人。她成功了，几天内，股票上升了三个指数，凯瑟琳征服了整个华尔街。

人生的每一步都要亲自走过，纵然需要别人指引，但自己才是决定自己该往何处去的人，无人能代替我们走完这一段旅程。所以，面对逆境时，要相信自己：无论困难多大，但通往成功之路就在自己的脚下，不管是谁，只要相信自己，敢于主宰自己的命运，充分发挥自己的聪明才智，就一定能成就一番事业。

人生终究是自己的，不管是命运还是机会，都要靠自己去创造或改变，只有自己才是命运的主宰者。我们每个人都是自己命运的主人，我们的人生是失败还是成功，是默默无闻还是光彩显赫，完全是我们自己造成的。

为人处世智慧书

拥有不懈努力的精神，才能守得云开见月明

世上的事，只要不断努力去做，就能办成。哪怕事情再苦、再难，只要我们持之以恒、坚持到底，我们就有希望，就有成功的可能。

奥格·曼狄诺指出："人人都渴望成功，人人都想得到成功的秘诀，然而成功并非唾手可得。我们常常忘记，即使是最简单最容易的事，如果不能坚持下去，成功的大门也绝不会轻易地开启。除了坚持不懈，成功并没有其他秘诀。"坚持意味着不放松、持续、保持坚定不移的奋斗目标，那是一种忍受痛苦、压力、疲劳和沮丧的能力。坚持不懈是成功者的一个共同特征。

乔伊·柯斯曼是一位亿万富翁，他的成功源于对事业的坚持和专注。如今他住在加州棕榈泉。他随心所欲地环游世界，帮助那些刚开始创业的人。

柯斯曼出身贫寒，在第二次世界大战后，柯斯曼从军中退役，在宾州匹兹堡的一家出口公司工作。他不是大学毕业生，又没有什么专门技术，每周只能赚35美元的薪水。每晚在晚餐后，他就在厨房的桌子上写信和至交联络。他急着想自己做生意。

在一年时间里，他发出了几百封信，但是由于地址错误，全都投递无门，这就耗尽了他所有的休闲时间。

有一天，他在《纽约时报》上看到一个卖洗衣肥皂的广告，这类的肥皂当时还很稀少，他以电话证实了这项广告后，又开始给国外的至交发信。

第六章 积极的思想,为你吸引正能量

几个星期以后,银行通知他,说有一封18万美元的信用状给他。这表示只要他能将肥皂运上船,这张信用状就可以兑现。信用状的有效期限只有30天,假若他在30天内不能将肥皂装上船,信用状就作废。

柯斯曼的肥皂批发商告诉他在纽约有货。他所要做的事只是到纽约去安排肥皂装船事宜,当然还要处理一些财务上的问题。柯斯曼找到他的老板,向他请几个星期的假,但老板不准。柯斯曼只得找到一些匹兹堡的朋友,问谁愿到纽约去办这件事,愿意去的人就可得到这项交易的一半利润。但是没有一个人愿意去。

柯斯曼最后无办法可想,又再去找老板,声明假若不准他假的话,他只有辞职,老板看他这样坚持,只有让步。柯斯曼和妻子在银行里只存了300美元,但妻子也尊重他的想法,她对他有信心。他们提出这仅有的300美元,让柯斯曼带着上纽约去。

在住进旅馆以后,柯斯曼又打电话找批发商。结果电话号码弄错了,也就没有地方去找这批发商了。但柯斯曼仍然坚持不放弃。

他到图书馆找到一份肥皂公司的名录,回到旅馆后,他打电话给美国电话公司,仅电话费就用了80美元,最后他找到一家阿拉巴马的肥皂公司有这种肥皂,但必须由他自己去阿拉巴马提货。

柯斯曼找遍了纽约所有的货运公司,找到了一家以赊账方式来为他运3000箱肥皂的公司。这时候他又有了另一件麻烦事,30天的期限浪费了很多,他是否还有时间将肥皂运到纽约上船?

但柯斯曼仍显示出对目标的坚持。那些借钱给他的人都说,在他身上似乎有着某种东西使他们信任他会成功,从而愿意将钱借给他。

他将肥皂运到纽约后,只剩下不到一天的装船时间。柯斯曼亲自动手帮忙装船。他们整整工作了一夜,到第二天,他们在银行关门以前仍无法装完货。在银行关门前不到一个小时,柯斯曼只得离开装货码头,前去找轮船公司的总裁。

后来柯斯曼告诉朋友说:"当时我已经一星期没洗澡,由于帮忙将肥皂装船,整夜没有睡。我满脸胡子,早饭钱还是向货车司机借的。肥皂公司的人追着我要肥皂的货款,货车公司也在催讨我欠他们的钱。旅馆等着我要钱,但却不知道我的去处。甚至连我妻子也不知道我的下落。"

就在这种情形下,他来到轮船公司总裁办公室,向总裁说出全部事情的经过。这位总裁注视着他说:"柯斯曼,事情已做到这种程度,你不会失去这笔生意了。"

说着总裁交给柯斯曼装货凭单——虽然肥皂未装完。这表示轮船公司愿意负责,要是货装不够,会由轮船公司赔偿损失。总裁派人将柯斯曼送到银行去。

这项交易的成功,使柯斯曼赚了三万美元,对一个周薪35美元的人来说,这可说是相当好了。

柯斯曼所以成功,在于他对事业表现出的专注和坚持,使他具有了一种领袖气质,并影响着每个和他打交道的人。

成功的法则是很简单的,那就是锲而不舍,只要你能坚持到底,你就会赢得最后的胜利。

事实上,很多人实现不了自己的目标,很大程度上就是少了一种坚持、非要把事情干到底的精神,他们往往浅尝辄止,因此眼睁睁地失去了可能到手的成功。很多事情的成功取决于踏平坎坷的坚持的毅力。看准了的事情,如果你没有百折不挠的坚持,绝难取得成功。看准的事情就不屈不挠地坚持干下去直至成功,才是智者的唯一选择。每一个人都明白所有梦想的实现都需要努力,然而,很多人之所以没有实现心中的梦想,就在于他们多了空想、犹豫,少了努力坚持。

每一次成功,其秘密都在于不屈不挠的意志力和执着顽强的忍耐力;即

第六章 积极的思想，为你吸引正能量

便因为屡次失败而遍体鳞伤，仍然痴心不改，坚持到底。

日本松下电器公司总裁松下幸之助年轻时家庭生活贫困，只靠他一人养家糊口。有一次，瘦弱矮小的松下到一家电器工厂去谋职。他走进这家工厂的人事部，向一位负责人说明了来意，请求给他安排一个哪怕是最低下的工作。这位负责人看到松下衣着肮脏，又瘦又小，觉得他不适合这份工作，但又不能直说，于是就找了一个理由：我们现在暂时不缺人，你一个月后再来看看吧。这本来是个托词，但没想到一个月后松下真的又来了，那位负责人又推托说此刻有事，过几天再说吧。隔了几天，松下又来了。如此反复多次，这位负责人干脆说出了真正的理由："你这样脏兮兮的是进不了我们工厂的。"

于是，松下幸之助回去借了一些钱，买了一件整洁的衣服穿上又返回来。这人一看实在没有办法，便告诉松下："关于电器方面的知识你知道得太少了，我们不能要你。"两个月后，松下幸之助再次来到这家工厂，说："我已经学了不少有关电器方面的知识，您看我哪方面还有差距，我一项项来弥补。"

这位人事主管盯着他看了半天说："我干这行几十年了，头一次遇到像你这样来找工作的。我真佩服你的坚持和韧性。"结果松下幸之助的不懈努力打动了主管，他终于进了那家工厂。后来松下又以其超人的毅力逐渐锻炼成为一个非凡的人物。

凡事要取得成功，坚持不懈的毅力和持之以恒的精神是必不可少的。认准了的事情，就坚持做到底，直到有所收获。

坚持是解决一切困难的钥匙，它可以使人们在面临困难时把万分之一的希望变成现实。歌德这样描述坚持的意义："不苟且地坚持下去，严厉地驱策自己继续下去，就是我们之中最微小的人这样去做，也很少有人不会达到

目标。因为坚持的无声力量会随着时间而增长到没有人能抗拒的程度。"坚持是我们跃过峻岭沟壑的勇气、涉过激流险滩的毅力，拥有了它，便会走出今日的困惑，拥有了它，便拥有了一个光辉灿烂的明天。

凡事往好的方面想，内心便充满阳光

同样一件事情，因看问题的角度不同，就会产生不同的认知。凡事多往好处想，就会少生烦恼、苦闷，而多有喜乐、平安。

任何事情都是由"好"与"坏"两个对立面构成的。事情的"好"与"坏"多数情况下取决于我们看待它的角度，背对阳光看到的只能是你的影子。凡事从好处想，我们就会看到希望，有了希望才能增添我们对生活的勇气和力量。

人生充满了选择，相同的世界在不同的人眼中是不同的，有时人们的看法甚至是截然相反的。乐观的人在每一个忧患中能看到机会，悲观的人在每一个机会中只看到忧患。很多事情你站在不同的角度，便会有不同的看法，与其愁苦自怨，倒不如换个角度，转变一下心情。凡事往好处想，内心便充满阳光，这种乐观的积极向上的心态，会激发我们的生命力，让我们永远拥有成功的信心和希望。即便是身处绝境的情况下，我们也能以豁达开朗的心胸面对未来。

有些人总是喜欢说，他们现在的状况是别人造成的，环境决定了他们的人生位置，许多事情他们无法摆脱，也无法往好的方向想。这是因为他们从未真正地往好的方向想过，他们总是悲观失望，有时即使有乐观的想法，也马上会被自己所否定。说到底，如何看待人生，全由我们自己决定。

第六章 积极的思想，为你吸引正能量

一位心理医生接待了一位患者，这是一名建筑工人，干这一行许多年了，为城市的摩天大楼的建设出了不少力。

但是，建筑工人却没有任何成就感，相反，他恨自己，有时甚至想从建筑工地的高楼上跳下去一死了之。

为了帮助他，医生询问他过去的生活。

建筑工人说，他这一生总有摆脱不了的烦恼。小时候上学，老师说他傻，说他就不是块读书的料。他忘不了那句话，从那以后，他一直恨自己。学习成绩因此一落千丈，好几门功课不及格，最后终于逃学了。从此，他认为自己就是失败者。

确切地说，这是矛盾的，因为他其实取得了很大的成就。他在建筑业萧条的时候当上了建筑工人，而且干了好长一段时间。他当过士兵，打过仗，后来结了婚，有三个孩子，并且个个都很优秀。正是他的在名校读研究生的长女向他介绍了这位医生写的书，他因此来找这位医生，希望能得到帮助。

"你失败过，你为什么就不能有失败呢？每个人都会有失败的时候，但你应该看到成功。摆脱过去，看一看自己已经取得的成绩。这些年来，你工作稳定。你已成为一个有用的人，也结了婚，有了三个孩子。孩子们又很优秀。你用自己的辛勤劳动支持他们，看到他们成长，你想这不是成功又是什么？"医生说。

建筑工人脸上掠过一丝微笑。"我从来没那么想过。"他说。

"别再想着那些失败了。"医生说，"你已经成功了，想想这些成功。这样，你就会知道什么叫享受，你就会笑得更多。"

生活中很多情况就是如此，只要转变一下思考方式，改变了看问题的心态，结果就会大大不同。

人的心态是随时随地都可以转化的，有时可以转好，有时可以转坏。如果你想好事时，心情就立即可以变好；如果你想坏事时，心情马上就可以变坏。"凡事往好处想"并不是解决一切问题的灵丹妙药，却是一种健康积极的人生哲学。有了它，也许问题本身不会减少，但问题的解决却找到了正确的方向。

凡事都往好处想，做人也会开心的！凡事都往好处想，这说起来容易，做起来难！有些人活在世上，恰恰总是把事往坏处想，结果也使自己整天处在高度紧张、猜疑、惊恐、戒备之中，具有这种心理状态的人，还能开心吗？所以，我们应该培养乐观的人生态度。凡事往好处想，事情自然会往好处发展。凡事都往好处想，你就会以镇定从容的心情享受生活，就可以准确找到对待生活的态度，展示生命的风采。

信念是成就之源，学会给自己树立信念

信念是一切成功的源泉。古往今来，每个有成就的人在其生活和事业的旅途中，无不以信念为先导。如果我们在做任何事之前，没能树立起一个坚定的信念，只是一味地采取消极的态度，告诉自己这也无法实现那也不可能做到，恐怕我们的人生也就这样失败了。

在成功之前，我们必须相信自己有能力成功。信念的力量在成功者的人生中起着决定性的作用，要想事业有成，就必须拥有无坚不摧的信念。

"在这个世界上，没有人能够使你倒下。如果你自己的信念还站立着的话。"这是著名的黑人领袖马丁·路德·金的名言。只要你心中始终有着一个信念，再弱小的人也会变得强壮，再大的困难也能迎刃而解。信念往往具

第六章 积极的思想，为你吸引正能量

有一种神奇的力量，它会使弱者变为强者，使失败者获得成功。

信念代表着一种希望，像一颗种子，一颗生命的种子。只要心中有信念，一切都会充满希望。信念的力量就是这样的神奇。正如作家丁玲所说："人，只要有一种信念，有所追求，什么艰苦都能忍受，什么环境也都能适应。"信念的影响力很大，它指引着我们的方向，决定我们面对世界的态度；它是控制我们潜能发挥的阀门，也是我们成功的基石；但凡成功者都有极为强大的信念，因为信念影响愿景、影响策略，也影响决策。

"石油怪杰"保罗·盖蒂年轻的时候，决心不依赖自己的父亲，而只身一个人带着自己仅有的靠做杂工挣来的500美元，来到了俄克拉荷马州创业。他打算从事石油的开采，以此作为自己事业的开端。但这对他来说，是一个十分艰巨的目标，因为他既没有资本，又没有地质学及石油开采方面的专业知识，只不过在父亲的石油事业的耳濡目染下，对石油业有一点感性认识。因此在他的事业刚刚起步的时候，可以说是困难重重。但是，保罗·盖蒂却信心十足——这也是当时支持他的唯一的东西。他认为别人办得到的事，自己也可以干得了。"天下无难事"，有信心就一定可以办到自己想办的事。当保罗·盖蒂在俄克拉荷马州看见别人一个个挖掘油井的时候，他就告诉自己：我一定也能挖出有油的井。

虽然第一年他走遍了许多地方，但机会与他不曾碰面，他未能找到合适的石油田地皮，但他没有灰心，到1915年的秋天他的机会终于来到了。有人要出租一块地皮，他看到后，就仔细去考察了那块地，觉得那里很有希望打出油来，于是他就和那个人讲价钱。总算是苍天不负有心人，最终，经过讨价还价，他以500美元把它租了下来。

有了地并不等于马上可以挖井采油了，他组建了一个公司，准备在这块租来的地上面正式开采石油。可是，他带来的所有的钱全部都交了土地租金，哪还有钱买机械挖井呢？最后，他想出了办法。他与他的父

亲商议合作，由父亲投资机械，同时将石油公司70%的股权转让给他父亲，并且他给他的父亲提交了一份很精确的计划。经过一番商议，他的父亲也很认同他的计划。

就这样，"盖蒂石油公司"可以开工挖井了。保罗·盖蒂的父亲既没有给儿子以娇生惯养的宠爱，也没有无偿地给他投资。而保罗·盖蒂也很有骨气，他在这块地上与聘来的几个工人日夜挖掘。累了，在工地上打个盹，饿了，吃几块饼干、喝几口水，他与工人们一起拼命地干活。别人根本就不知道他父亲当时已是一个有一定财富的石油老板呢！

不久，保罗·盖蒂所挖的第一口井果然出石油了，而且一天可生产720桶原油呢！两个星期后，他把这块地转租给别的石油公司，他从中净赚12000美元。这个数额虽不算大，但却大大增强了他从事石油开采事业的信心，使他认识到"成功没有神秘的公式"，但总是包含着辛苦和无数的风险。而且，你必须有成功的信念，信念能让你渡过一个又一个难关，帮助你一步一步走向成功的顶点。

成功的人离不开坚定的信念。华盛顿曾经说过："一定要接受基于'我必成就大事'的直觉而产生的坚强信念。"在你的一生中，你一定会有许多次怀疑自己定的目标是否正确，但你一定要接受这样的一个信念：虽然拥有某种信念并不代表你就一定能达到目的，但是它可以给予你完成梦想所需的勇气。无疑，当你无法完成自己所期望的事情时，你一定会感到失望；然而，你若对自己毫无信心，你将永远无法发挥潜能，因为你拒绝尝试。如果一个人对人生或对一件事没有信心，那么他的信念必定是消极的，行动也不会得力，遇到困难或挫折就容易让步或退却。所以，我们应该拥有坚定的信念，我们应该相信自己总有一天会走向成功，因为我们每天都在为了目标的实现而坚持不懈地努力奋斗。坚定的信念可以帮助我们克服重重困难，跨过种种阻碍；坚定的信念可以促使我们做出积极的行动。

第六章　积极的思想，为你吸引正能量

点燃你的热情，为人生增添光彩

法国作家拉·封丹写过这样一则寓言：

北风和南风比威力，看谁能把行人身上的大衣吹掉。北风首先来一个冷风凛冽、寒冷刺骨，结果行人为了抵御北风的侵袭，便把大衣裹得紧紧的。南风则徐徐吹动，顿时风和日丽，行人因为觉得春暖上身，始而解开纽扣，继而脱掉大衣，南风获得了胜利。

这则寓言形象地说明了一个道理：温暖胜于严寒，热情胜于冷漠。人与人之间的交往需要的是热情而不是冷漠。只要我们用春天般的热情去对待每一个人，就会赢得别人的好感。

热情是良好人际关系的第一要素，在任何时候，保持热情总会让你受益匪浅。心理学家发现："热情"是最能打动人、对人最具吸引力的特质之一。一个充满热情的人很容易把自己的良性情绪传染给别人。热情像一团火，可以照亮别人，感染别人，更可以使自己得到力量。

露西是一个快乐的美国女孩，她在快要毕业的时候参加了一个图书展览会。对于图书她向来怀有极大的热情，也正是这个原因，使她一直都想在出版行业找一份自己喜欢的工作。可是因为缺少这方面的工作经验，几次面试都没成功。"我们需要熟悉编辑和印刷流程的员工，你现在还不太符合我们的条件，以后有机会我们再合作吧……"她得到的总是诸如此类的回答。

是的，她的确没有什么经验，只是出于一种对图书及出版行业的热爱。可她并没有因为被拒绝而沮丧，她依然怀着极大的兴趣，在图书展览会上倾听那些富有经验的书籍制作者介绍图书封面的工艺和选题的创意。一位年近50岁的出版人吸引了她，当时那位先生正在和前来订书的批发商侃侃而谈。他的脸上洋溢着激动的神情，讲述起那些书的制作过程，就像一个慈祥而伟大的父亲谈论自己骄傲的孩子。露西在心中惊叹道："我从来没有见过这么热情的人，而且是一个50多岁的老人！"露西无法挤到那些批发商的前面，只好在一旁专注地倾听。书商们陆陆续续地走了，"你好，请问你是……"突然，老人对露西说道，"我注意到了，你一直都在旁边听！""是的，我从来没有见过像你这么热情的人！你讲得太精彩了！"露西欣喜地说。

当老人了解到露西的基本情况后，他热情地说："我需要的就是你这样的人！到我的公司来做事吧！"

"可是我没有经验！"

"有热情一切都会有的！"

露西就这样在无意中找到了一份工作，后来，她对待工作充满了热情，工作也做得很好。

老人因为热情，敛聚了一大群批发商的人心和露西的心。露西也因为热情，得到了老人的认可，成功地找到了自己想要的工作。

热情是世界上最宝贵的财富之一，它能让人勇敢、精力充沛，并引起别人对你的好感。在人际交往中，处处让人感受到你的热情，那么他人也会被你的热情所感染，自然会对你亮起绿灯。

热情是友善的标志。生活中，热情能给人以温暖，能促进人的相互理

第六章 积极的思想，为你吸引正能量

解，能融化冷漠的心灵。因此，待人热情是沟通情感，促进人际交往的重要心理品质。

亨利是个商人，人过中年，事业上却不尽如人意，屡屡受挫，因此情绪十分低落，常常无端地发脾气，抱怨别人欺骗了他。终于有一天，他对妻子说："这个城市令我失望，我想离开这里，换个地方。"无论朋友们如何相劝，都无法改变他的决定。

亨利和妻子来到了另外一个城市，搬进了新居。这是一幢普通的公寓楼。亨利忙于生意，早出晚归，对周围的邻居未曾在意。

一个周末的晚上，亨利和妻子正在整理房间，突然，停电了，屋子里一片漆黑。亨利很后悔来的时候没有把蜡烛带上，只好无奈地坐在地板上抱怨起来。

这时门口突然传来轻轻的、略为迟疑的敲门声，这声音打破了黑夜的寂静。

"谁呀？"亨利在这个城市并没有熟人，也不愿意在周末被人打扰。他很不情愿地起身，费力地摸到门口，极不耐烦地开了门。

门口站着一个小女孩，是普通得几乎难以给人留下什么印象的那种。她怯生生地对亨利说："先生，我是您的邻居。请问你有蜡烛吗？"

"没有！"亨利气不打一处来，"嘭"的一声把门关上了。

"真是麻烦！"亨利对妻子抱怨道，"讨厌的邻居，我们刚刚搬来就来借东西，这么下去怎么得了！"

就在他满腹牢骚的时候，门口又传来了敲门声。

打开门，门口站着的依然是那个小女孩，只见她手里多了两根蜡烛，红通通的，就像小女孩涨红的脸，格外显眼。"奶奶说，楼下新来了邻居，可能没有带蜡烛来，要我拿两根给你们。"

亨利顿时愣住了，他被眼前发生的一幕惊呆了，好不容易才缓过神

来。"谢谢你和你奶奶,上帝保佑你们!"

屋子亮了,亨利的心也亮了。

在那一瞬间,亨利猛然意识到了什么,他明白了自己失败的根源就在于对别人的冷漠与刻薄。

热情有融化坚冰的力量,冷漠是隔离人心的高墙。人与人之间的交往从来都是相互的。你给人以热情,反射回来的便是温暖;你给人以冷漠,回馈你的就是寒冷。要想创造和谐的人际关系,我们就要多一分热情,少一点冷漠。

第七章　掌控情绪，
重塑你的心灵能量圈

第七章　掌控情绪，重塑你的心灵能量圈

成功者控制情绪，失败者被情绪所控

人们常说，"冲动是魔鬼"。的确，一时的冲动使人心中充满恶意、伤害。在日常生活中，许多人都会因冲动而做出令自己后悔不已的事情。因为不可抑制的愤怒，会使人失去解决问题和冲突的良好机会，而且，一时的冲动，可能意味着事过之后你要付出高昂代价来弥补，或者无法弥补。因为我们在愤怒时，往往不会顾及别人的尊严，并且严重地伤害了别人的面子，与他人产生冲突。

愤怒常常使人丧失理智，做出不计后果的事情，最终使自己深受其害。因此，在日常生活中，当你被激怒时，千万不要轻易发火。谁若轻易地做了怒气的俘虏，谁的生活就会向黑暗倾斜，谁就可能成为愚蠢与后悔的人。

愤怒同其他所有情绪一样，其实也是你思维活动的结果，它并不是无缘无故地产生的。当你遇到不如意的事情时，就认为事情不应该是这样的，这时你开始感到灰心，之后，便伴随着一些冲动的行为，这是非常危险的，对于你为人处世而言，没有任何好处。

在拿破仑·希尔事业生涯的初期，他就曾受到愤怒情绪的困扰。

有一天晚上，拿破仑·希尔在办公室准备一篇演讲稿，当他刚刚在书桌前坐好时，电灯熄灭了。这种情形已连续发生了几次。

拿破仑·希尔立刻跳起来，奔向大楼地下室，去找大楼的管理员。当他到达地下室时，发现管理员正在忙着把煤炭一铲一铲地送进锅炉里，同时一面吹着口哨，仿佛什么事情都没有发生。

拿破仑·希尔立刻对他破口大骂。他对管理员痛骂，直到他再也找不出更多的骂人的词句了，这时他只好放慢了速度。这时候，管理员直起身体，转过头来，脸上露出开朗的微笑，并以一种充满镇静与自制的柔和声调说道："呀！你今天晚上有点儿激动，不是吗？"管理员的话如同一把锐利的匕首刺进了拿破仑·希尔的身体。站在拿破仑面前的是一位粗人，但他却在这场"战斗"中打败了他！更何况这场"战斗"的场合以及武器，都是拿破仑自己挑选的。拿破仑·希尔的良心受到了谴责。他知道，他不仅被打败了，而且更糟糕的是，他是主动的，又是错误的一方，这一切只会更加增加他的羞辱感。

拿破仑·希尔转过身子，以最快的速度回到办公室。当他把这件事情反省了一遍之后，他立即看出了自己的错误之处。经过一番思考后，他知道自己必须向那个人道歉。于是，他找到那位管理员并做了诚恳的道歉。最终，两个人的冲突解决了。

从这以后，拿破仑·希尔下定决心，以后绝不再失去自制。因为当一个人不能控制自己的情绪时，对方不管是谁，都能轻易地将自己打败。

看来，学会控制自己的情绪，对于每个人而言都是相当重要的。它是我们成功的前提，更是我们身心健康的保证。所以，不管遇到多大难题和忍受多大委屈，都要时刻调整和优化情绪，保持积极的心态，千万不要轻易发火。

下面是控制情绪的一些具体方法：

1. 控制自己的意识。当愤怒情绪即将爆发时，你要用意识控制自己，提醒自己应当保持理性；还可进行自我暗示："别发火，发火会伤身体。"有涵养的人一般能做到控制自己的情绪。因为人的意识能够调节情绪的强度，有些思想修养水平高的人往往比思想修养水平较低的人能够更有效地调节情绪。一个人要努力以意识来控制情绪的变化，可以用"我应……""我能……"加上要想办的事情来调控自己的情绪。

2. 转移情绪。人生的道路崎岖不平，坎坎坷坷，难免有挫折和失败，也少不了烦恼和苦闷。此时此刻，你应迅速把注意力转移到别的方面去。比如有时碰到不顺心的事情或在家中与亲属发生争吵，不妨暂时离开一下现场，换个环境，或者同别人去聊聊天，或者参加一些文体活动。这样很快就会把原来的不良情绪冲淡以至赶走，而重新恢复平静和稳定的心情。

3. 换位思考。换位思考，即站到对方的角度上想问题，与他人互换角色、位置。俗话说："将心比心。"通过心理换位来体会别人的情绪与思想，这样就有利于防止不良情绪的产生，并能消除已产生的不良情绪。当对方触犯你时，你也可以站在对方的角度想一想，这时可能就会觉得对方的行为情有可原。这样，不良情绪就会减弱甚至消失了。

淡定从容，处事不惊

在现实生活中，人们总会面临一些困难和烦恼，但每个人的表现却大不相同。有些人面对从天而降的灾难时泰然处之，总能冷静地、心平气和地接受；也有的人在面临突变时，方寸大乱、一蹶不振，从此浑浑噩噩度日。为什么受到同样的心理刺激，不同的人会产生如此的反差呢？原因在于他能否冷静应变。任何一个拥有冷静平和的心态的人，在面临任何一个突变时，都不会被突变所击垮。

　　古今中外，凡是成功之人，定有遇事不慌，保持淡定的特点，也只有这样，他们才能正确地判断局势，应变不惊，取得成就。因此，处变不惊、保持淡定往往是成功的必要因素。

　　几个人去参加一个私人宴会，中途突然有一条毒蛇钻了进来。当这条毒蛇从餐桌下面爬到女主人的脚背上时，女主人先是一惊，但她并未慌乱，而是立即冷静了下来，一动不动地让那条蛇爬了过去；然后，她叫身边的侍童端了一盆牛奶放到了开着玻璃门的阳台上。

　　这时，一起用餐的一位男士注意到了这件事情，他明白，将牛奶放在阳台上是引诱毒蛇的一种方式。他意识到房间里有蛇，便抬眼向房顶和四周搜寻，却并没有发现，所以，他断定蛇肯定在桌子下面。他平复了一下情绪，为了不让大家受到伤害，他没有警告大家注意毒蛇，而是沉着冷静地对大家说："我和大家打个赌，考考大家的自制力，我数300下，这期间你们如能做到一动不动，我将输给你们100比索；否则，动的人就输掉100比索。"顿时，餐桌边的人们都一动不动了，当他数到280下时，那条毒蛇向阳台的牛奶盆爬去。于是，他立即大喊一声扑上去，迅速把蛇关在玻璃门外。

　　客人们见此情景都惊呼起来，而后纷纷夸赞这位男士和女主人的冷静与智慧。

第七章 掌控情绪，重塑你的心灵能量圈

故事中女主人和男士在身处险境时表现出的淡定从容是令人钦佩的，两个人临危不惧、冷静沉着、机智应对并最终化解了危局。倘若两个人一早就大呼"有蛇"，或表现得神情紧张，那么恐怕二人早就命丧黄泉了。正因为他们的处变不惊，使得他们在危急关头不仅能够急中生智，而且他们还展现出了自己非凡的气势。这种气势是一般人所不具备的。由此我们也可以看出，淡定是一个人面临危机时所体现的高贵品质，也是冷静思考问题的前提条件。

一位美国老驾驶员，他有许多年的飞行经验，曾经在一次采访中有人介绍过他的一段飞行史中最不平常的经历，大概是这样的：在第二次世界大战时，他是F6型飞机的飞行员。一天，他们接到战斗命令，从航空母舰上起飞后，来到东京湾。他按要求把飞机升到距离海面300英尺（1英尺=0.3048米）的高度做俯冲轰炸，300英尺在今天可能不算什么，但在当时，这是个很高的高度。正当他以极快的速度下降并开始做水平飞行时，飞机左翼突然被击中，整架飞机翻了过来。人在飞机中，是很容易失去平衡的，尤其在天和海都是蓝色的时候。飞机中弹后，他需要马上判断自己的位置，以便决定他应该向上还是向下操纵他的飞机。在他飞机中弹的最初一瞬，在那生死攸关的关键时刻，他什么也没有做，他没有去碰驾驶舱里任何控制开关，他只是强迫自己冷静、思考，绝不能激动。于是，他发现蓝色的海面在他的头顶上，他知道了自己确切的位置，知道了自己的飞机是翻转着的。这时，他迅速推动操纵杆，把位置调整过来。在那一瞬间，如果他冲动地依靠自己的本能，一定会把大海当作蓝天，一头撞进海里葬身鱼腹。这位老飞行员在回忆时，语重心长地感慨道："是我的冷静挽救了我的性命。"没

错,当时这个驾驶员,在机翼被击中时,如果不能冷静下来,只是胡乱地按飞机的操作按钮,浪费时间,那么那次飞行将会是他的最后一次飞行。

一个人在危急关头能够保持冷静,并做出正确的判断和决定,即便是在大难临头时,他也能逢凶化吉、转危为安。

做大事的人,需要遇事冷静,不急不躁。这样才能在逆境中坚定信念,冷静思考,沉着应对,转败为胜;这样才能在顺境中保持头脑清醒,更加清醒地认清自己,去冷静地思考下一步该做什么,应该怎样做。

1929年2月初,毛泽东率领红四军来到江西省乌江县的圳下。圳下是一个四面环山的小村庄,中间是一块有几百亩地的狭长田垄,村里的群众就住在垄下和山脚下。毛泽东、朱德、陈毅等军部的领导就住在田垄中间的文昌祠里。

为了防止敌人的突然袭击,军部做了极其严密的部署:红军第二十八团为左路,担任前卫警戒;红军第三十一团为右路,担任后卫;军部和特务营驻扎在村中间的小河边。

第二天,敌军两个旅和四个团,趁着晨曦,紧急集合,突袭红军。二十八团的战士先与敌军交上了火,但狡猾的敌人集中力量乘机猛攻左路。战士们虽然拼死抵抗,但是终因寡不敌众,不得不节节后退。后面的战士不知前面到底发生了什么事,就也跟着掉头往后撤。整个团的人都向村中央的小河对岸后退,河上的小桥很快就被堵塞了。有的人看到桥上过不去,就蹚水过河。一时间,桥上河里都是人,一片混乱。

第七章　掌控情绪，重塑你的心灵能量圈

就在这关系到全军安危的时刻，毛泽东没有一丝一毫的慌张。他非常果断地向红三十一团下达了作战命令，要求部队立即出动，对敌人进行阻击，又让朱德组织另外两个营的兵力，全面投入战斗。然后，他迎着已过了河继续往后撤的二十八团战士，不顾一切地向桥的方向走去，并抽出手枪，朝天放了一枪，随后竭尽全力地高声喊道："不要往后跑！要消灭敌人！"直到这时，正在奔跑的战士们才注意到，站在桥边高声呼唤他们的是全军的总指挥——毛委员。他们顿然醒悟，正在抢着过桥的战士停下了脚步；正在蹚水过河的战士立在了水里；已经过了河的战士也站住了。还有许多人掉过头来，举着枪，跟着高声喊了起来："不要往后跑，要消灭敌人！"溃退完全被制止了，战士们转过身来，同追上来的敌人展开了厮杀。

古语有云："胸有激雷而面若平湖，可以拜上将军。"从容镇定，临危不惧，是成大事者的基本品质。在危急的时刻，保持内心的淡定对于稳定局势、安定人心、解除危难都起着决定性的作用。冷静、果断不仅在于能够稳定自己的情绪，更重要的是可以给他人一种信念、一种力量。可以说，没有淡定的内心，就根本无法具备其他的品质，也无法掌控全局，化危为安。

隐忍以图强，忍辱以负重

一个人若想获得事业上的成功，必须具备许多的条件，例如高深的学问、恢宏的志气、宽阔的心胸、良好的修养等，这些都是成功的助力。其中忍耐更是不可少的品质。

很多人认为忍耐是没出息,是忍气吞声。这显然是对忍耐的误解。真正的"忍"绝不是无原则的退让、放弃、委曲求全,而是对人宽容、对己克制和约束,以及更深远的考量与权衡。对一般人来说,忍耐是一种美德,对领导者来说,忍耐可以使你展现出强大的力量。

曾国藩之所以能够在绝境中求生路,在逆境中出转机,并因此度过了人生中一个又一个的低谷,成为晚清第一汉臣,最关键的一点就是他善于忍耐,长于忍。曾国藩所处的时代,正是大清王朝风雨飘摇、大厦将倾,各种危机矛盾和打击纷至沓来之时。

曾国藩没有慌乱,他以过人的胆略和高超的手腕,用尽了人间的"忍"功。他在自己做官的时间里,总结出了三句至理名言,"打脱牙和血吞","居官以忍耐为第一要义","养活一团春意思,撑起两根穷骨头"。也就是说,当人生遭受巨大的打击时,要能够忍受,以等到希望的出现;做官一定要以忍耐来自我约束,以防止浮躁而铸成大错;做人做事要有骨气,任何时候都要耐得住寂寞,而不放弃希望。

三句至理名言,无论是从人生、官场还是生活的角度,都体现了曾国藩的"忍"术,这是关于忍的体验,也是他一生经验的总结。

忍耐是对一个人意志的磨炼。懂得忍耐有利于成就事业,意气用事只会让你错失良机。如果你想在事业上有所成就,忍耐是个很重要的技能,如果心态浮躁,没有忍耐力,你很难一步一步地向上攀登,登上更高的平台,同时也会使自己离成功更远。相反,如果你能学会忍耐,并有效控制自己的情

第七章 掌控情绪，重塑你的心灵能量圈

绪和心志，以后即使碰到大的问题，自然也能忍受，也自然能等到最好的时机再把问题解决。

日本著名的三井物产的总裁八寻俊邦，是一个懂得忍一时之辱，最终成就了自己的一番大业的人。1940年，由于在越南的业绩非常突出，八寻俊邦被调回三井物产的总部，并升任为神户分店的橡胶课课长。但在他任课长期间，由于橡胶行情大幅下滑，加上他的应变措施出台太慢，给公司造成了重大的损失，八寻俊邦因此被降为一般职员。其实，业绩下滑很大程度上是外在客观原因造成的，而将错误完全归咎于八寻俊邦未免有失偏颇，何况他还是有功之臣，但公司还是毫不留情地将他降了职。可能很多人在遭遇这样的情况时，会感到莫大的耻辱，甚至对企业失去信心，因此一走了之，另谋高就。但对八寻俊邦来说，受到这样的处罚虽然让他感到既难过又羞辱，对他打击也非常大，但他还是选择了忍耐。从哪里跌倒，他就要从哪里爬起来。

他真的做到了。八寻俊邦告诉自己：以前的光荣都已成为过去，重要的是今后再遇上问题时要懂得如何处理、应变。他在内心不断地鼓励自己："绝不气馁。"他很快调整了自己的心态，重新带着巨大的热情投入工作中去。一年后，八寻俊邦被分配到石油制品部门，他感到展现自己才华的时候到了，于是开始大展拳脚。很快，他升任为三井物产化学品部门的部长。最终，他成了三井物产的总裁。

从八寻俊邦的经历中，我们不难明白这样一个道理：忍辱并不代表无能，今天的忍耐，是为了明天能够更好地负重。要成就大事，该低头时就低头，该忍痛时就忍痛，这不是怯懦，而是智勇。身处复杂的人际环境之中，

只有经得起误解、委屈、压制、打击，能屈能伸，任何事情都拿得起、放得下，才能不辱使命，不负所托。

忍耐是一种生存智慧。它不是一个抽象的概念，是要求人们要在具体环境里，能理智地区分什么重要，什么不重要；什么是原则问题，什么是非原则问题；什么必须现在解决，什么可以暂缓解决。忍耐能让人获得成长的机会，争取更大的空间。

杰克逊年轻时到某大企业应聘部门主管，负责招聘的总经理经过仔细考核，决定聘用他。但他提出一个令杰克逊几乎难以接受的条件：考察三个月。三个月内，他必须到公司的销售店铺向顾客介绍产品。杰克逊有些想不通：部门主管怎会去干与售货员同样的工作？这难道就是我的命运吗？

经过一番冷静思考，杰克逊坦然接受了这份工作。然而，他内心并没有屈服于这种命运的安排。他决定在这个不起眼的岗位上干出一番成绩。三个月考察期内，杰克逊兢兢业业，从早到晚向顾客推荐产品。在他的努力下，产品销售量直线上升。六个月以后，公司经理因身体原因被调离岗位，杰克逊取而代之。一年后，公司董事长投资其他项目，他荣登董事长宝座。

忍耐，是克服一切困难的保障，它可以帮助人们成就一切事情。要想取得成绩，难免会经历一段曲折的忍耐的过程。忍耐是一种对人生的等待，我们要在忍耐中学会蓄积力量。

在复杂危险甚至杀机重重的环境中，遇到与自己的主要利益和主要意图关系不大的困难时，我们都应沉得住气，表现出极大的自控能力，能够忍辱负重、委曲求全，适应客观发展规律，从而去谋求发展与成功的机会，这样你终将成就大业。

调节情绪，从焦虑中解脱出来

焦虑是现代人中普遍存在的一种情绪。随着生活节奏的加快，工作压力的增大，竞争加剧，以及对自我期望值的增高，焦虑已成为现代人普遍的心病，有人甚至说当代就是一个"焦虑的年代"。

焦虑是一种内心紧张不安，预感到似乎将要发生某种不利情况而认为自己又难以应付时所产生的不愉快情绪。焦虑程度的不同对人们的学习、工作和生活有着不同的影响。保持一定程度的焦虑有利于提高工作效率和学习效率，而过度的焦虑就是不正常的了，这种症状的存在会影响人应付和处理危机的能力，甚至妨碍日常工作和学习。如果焦虑情绪得不到及时疏导化解，长年累月，在心理上会造成障碍、失控甚至产生危机，在精神上会造成精神萎靡、精神恍惚甚至精神失常，引发多种心身疾患，如紧张不安、动作失调、失眠多梦、记忆力减退等。

李强是一个事业上比较成功的男士——在一家跨国公司里担任部门经理，每月拿着不菲的薪水，身边还有一位温柔可人又对他体贴入微的妻子。但是，这些并没有使他远离痛苦。

前段时间，李强对从事了八年的工作忽然失去了兴趣，总是觉得发展空间越来越小，提升的机会也很小，而每天的重复劳动更是使他觉得是在浪费生命。他想跳槽，一时间又找不到合适的工作。渐渐地，他开始对什么都打不起精神来，总是莫名其妙地觉得焦虑烦恼，还经常为一些诸如周末安排、打扫房间的小事与妻子产生摩擦。虽然在事后他总是觉得对不起妻子，可他还是控制不了自己。

李强试过各种方式摆脱痛苦：听音乐，剧烈的运动，甚至跑到海边大喊。但是，这些最多只能使他舒服很短的时间。回到现实中，工作仍然是那么令他难以忍受，他的心情仍然是那么糟糕，摩擦仍然经常发生……在与焦虑的搏斗中，屡战屡败的他几乎要崩溃了！

在快节奏的现代社会里，类似于李强的这种焦虑情绪如同挥之不去的梦魇，与人类如影随形。有的人为朝不保夕的工作担忧，有的人为可能分崩离析的家庭而操心，有的人为自己的人际关系而忐忑，有的人为潜伏的健康危机而惶恐……可以说，焦虑似乎无处不在，它已经成为威胁人们健康的潜在杀手，不仅给人们带来精神、躯体上的痛苦，还妨碍人们的正常生活和工作。所以，我们必须重视焦虑症的危害并加以预防。

一个石油公司的老板对有些运货员偷偷地扣下了给客户的部分石油，卖给了他人这事毫不知情。有一天，一个知情者来找这位老板，告诉这位老板他掌握了老板的员工贩卖不法石油的证据，要检举这家石油公司，并说，如果他们贿赂他，给他一点钱，他就会放他们一马。这位老板对知情者的行为及态度非常反感，觉得这是那些盗卖石油的员工的问题，与自己无关，可转念一想，法律又有规定："公司应该为员工的行为负责。"另外，万一案子上了法庭，就会有媒体来炒作，名声传出去会毁了自己的生意。这位老板焦虑极了，三天三夜无法入睡,到底应该怎么做才好呢?给那个人钱呢,还是不理他,随便他怎么做?

这位老板决定不了,每天都很担心,于是他问自己:如果不付钱的话,最坏的后果是什么呢?答案是:公司会垮,事业会被毁了,但是自己决不会被关起来。然后呢?也许要找个工作,其实这也不坏。有些公司可能乐意雇用他呢,因为作为一家石油公司的老板,他是业内人士,很懂石油生意。至此,很有意思的是,这位老板的焦虑开始减轻,然后,他开始思考了,也开始想解决问题的办法:除了上告或给他金钱之外,有没有其他的路?找律师呀,他可能有更好的点子。

第二天,就去见了律师。当天晚上他睡了个好觉。隔了几天,他的律师叫他去见地方检察官,并将整个情况告诉他。意外的事情发生了,当他讲完后,那个检察官说,我知道这件事,那个自称知情者的人是一个通缉犯。这位老板心中的大石头落了下来。这件事情使他永难忘怀。从此,每当他开始焦虑担心的时候,他就用此经历来帮助自己跳出焦虑。

由此可见,当焦虑产生时,我们只有正视事实,提醒自己不要慌乱,反思自己的生活方式与生活处境,并积极主动地寻求解决之道,这样才能更好地去解决问题。

"人生不如意事,十之八九",焦虑情绪的产生在所难免,但是人们最危险的是陷入焦虑的泥潭中无法自拔。那么,我们该如何应对呢?怎样才能改变这种被焦虑的阴云笼罩的可怕的生活呢?

首先,自信是治愈焦虑的必要前提。有一些人对自己没有自信,对自己完成工作和应付事物的能力是怀疑的,并且会夸大自己失败的可能性,从而产生忧虑、紧张和恐惧的情绪。所以，人们应该相信自己，每增加一分自信，焦虑程度就会降低一点。

其次，把注意力从不良心境中引开，这对消除焦虑是有帮助的。在工作、生活中遇到挫折是件很平常的事，偶尔产生焦虑情绪也在所难免，当发现自己正处于焦虑之中时，不要放任焦虑蔓延。这时，可以采取诸如聊天这样的转移办法来控制焦虑。另外，还可以通过参加一些需要集中注意力的活动来摆脱焦虑情绪，如下棋、打桥牌、玩电子游戏、跳一些节奏快的舞蹈等。

再次，当你在生活中遇到难题和压力时，不要烦恼和焦急，也不要急于求成。首先应该沉着，要稳定自己的情绪，并做些放松性的自我暗示，例如"我是最棒的，问题一定能够解决""困难是暂时的""焦虑无济于事"等。这样你就会放松下来去排除难题，而你一旦成功，喜悦的情绪将会形成良性刺激，使你得到进一步放松。

最后，逃避是焦虑的体现。当逃避某种困难时，起初我们会体验到焦虑降低，但与期望相反的是，我们逃避困难的现象越多，以后在面对这些困境时，我们的焦虑感就会越重。学会去面对和应付令人焦虑的情境，才能有效地消除焦虑。

第七章　掌控情绪，重塑你的心灵能量圈

转换不良情绪，摆脱压力的困扰

生活不可能是一帆风顺的，人们总会遇到一些事情的滋扰。当你被困扰的时候，你是用疯狂的娱乐麻痹自己，或者沉浸在不良情绪中不能自拔，还是冷静地处理问题？我想大多数人都会采用前两种方式，只有少数人能够冷静地面对困难。其实，冷静地处理困难和自己的不良情绪并不难，只要我们学会自我心理调节就可以了。

有这样一个故事：

有甲、乙、丙三种人，周末同时遇到一件事：早上大家正在熟睡时，一个不自觉的人为做家具而锯木头，噪声非常大。这时候甲会火冒三丈，冲出去与其理论，大喊大叫，与人争吵，但无济于事；乙会在家里嘟嘟囔囔，心怀不满，很焦虑，但是不敢说或不愿意说，比较压抑；丙呢，他这时候也会不高兴，也会下去与锯木头的人理论，但当与锯木头的人无法沟通时，丙会穿起球鞋跑步去，或拎起菜兜子买菜去。总之，丙采取了聪明之举，主动回避，以转换环境化解了不愉快的情绪。在这个事件中，丙是压力的处理者，甲是压力的寻求者，乙是压力的承受者。

从生理学的角度来看，在这个过程中，甲种的人总是这样的思维方式："是你让我火冒三丈。"他们把原因完全推到外部，实际上这个使你火冒三丈的人是你自己呀！是你让别人操纵了你的情绪，所以你生气了。其实，事件本身并不会对你造成伤害，但你的反应与思维模式却会伤害你。再看乙种人，他因为要承受这种心怀不满又不愿意说出来的压力而非常压抑，时间久了可能导致其心理压抑。丙种人因为以平和的心态对待事件，感受到的压力最小。前两种人可能因情绪不好和外在压力而引起健康问题，而丙种人会转换不良情绪，化解压力，保持一个健康的心理状态。

我们主张大家多学学丙种人，在对待生活大大小小的事件中要学会转换不良情绪，学会处理压力。

当今社会，激烈的竞争、文化的冲突和物质的诱惑无时无刻不在扰动我们的心灵，我们常常感到忧愁、焦躁、不安、愤怒，心理压力也越来越大。倘若长期不能释放压力，人就会患上各种心理疾病。因此，我们要学习一种新的生存技能——学做自己的心理医生，帮助自己化解工作与生活中的各种压力。

1. 转移注意力。尽可能躲开导致心理困境的外部刺激，转移注意力，这不是逃避，而是让自己更轻松地去面对压力。如果压力太重，那么就暂时放下它，让自己休息下，把注意力转移到其他事情上，将自己的心态放平，这样才会让自己更快地坚强起来。

2. 创造一种内心的平静感。保持冷静是防止心理失控的最佳方法之一。没有内心的平衡，人们会觉得无所归依。在这种时刻，我们往往会对压力做出过激反应，从而制造更多的焦虑与烦恼。我们可以采用静坐的自我放松方法，每天早或晚进行20分钟的盘腿静坐，这样可创造一种内心的平衡感。这种静坐冥想能降低血压，减少焦虑并减弱兴奋程度。

3. 加强修养，遇事泰然处之。生活中，我们应当养成乐观、豁达的个性，平静地接受出现的种种变化，并随之调整自己的生活和工作节奏，以此减弱因生理变化而对心理造成的冲击。事实上，那些拥有宽广胸怀、遇事想得开的人是不会受到心理疾病困扰的。

4. 把烦恼及时发泄出来。面对压力或遇见挫折时，心中淤积的消极情绪会对身心造成极大的伤害。因此，采取合理宣泄的方式将其释放出去，这是一种自我保健的有效措施。

不怕失败，勇于承受失败的打击

人的一生中难免会遇到很多困难和挫折，遭受很多打击。这些挫折本身并不可怕，关键在于你自己如何处理。当你遭受挫折、遇到困难、受到打击时却不气馁，那么你会取得成功。一个人之所以能有成就并超过他人，往往在于其对待失败的态度是积极向上的。精神上被打败了，那才是一败涂地。

人生之路漫长而且坎坷，因此，遭受挫折、遇到困难、遭到打击在所难免，差别只在有人把头破血流不当一回事，有人稍微破点皮就灰心丧气。跌倒了还能爬起来，你才有成功的希望。

不管你在什么时候跌倒了，一定要爬起来。人生路上奔走的不止你一个，你跌倒了却不赶快爬起来，不但同行的人会抛下你，后面的人也会超过你，甚至从你身上踩过去。跌倒后只有爬起来，才能继续和他人竞争，和他人比拼。趴在地上是不会有任何机会的，所以你一定要爬起来。如果你跌倒了而不想爬起来，那么不但没有人会来扶你一把，而且你还会成为众人唾弃的对象。但如果你忍着痛苦爬起来，那么迟早会得到别人的帮助。那些丧失"爬起来"的意志的人，是得不到他人帮助的。因此，你一定要爬起来。

　　据统计，美国每天都有上万家小企业破产、倒闭，每天都有人在经历从巅峰跌入谷底的痛楚。

　　戴维斯就是有过这样遭遇的人。

　　戴维斯20多岁时，血气方刚，凭着青年人的聪明和冲动，办起了自己的第一家公司，经营书刊业。但是他30岁那年，在一桩生意中被自己最信任的朋友欺骗了，将自己所有的家当赔得一干二净，连房子也拍卖出去抵债了，他只得回到乡下母亲的住所中。然而戴维斯并不放弃，认为自己还有能力重新再来。

　　又过了两年，戴维斯看准电脑业有很大的发展潜力，于是他经过不懈的努力，又办起了自己的电脑公司，而且公司规模比前一次还大，生意也比经营书刊业的生意好得多。这时，以前认为他会一蹶不振的人们转变了看法，对这个执着的人表示了极大的钦佩。

　　然而，天有不测风云，在一次合同担保中，戴维斯的公司卷入了债务纠纷，因被担保者无力偿还债务，作为担保人的戴维斯又一次倾家荡产。年过40的他再一次遭受了巨大的打击。

　　人们都以为他这次真的完了，他再也不可能承受这样大的挫折了。然而戴维斯再次让人们的预言失误了。他承受住了来自各方面的压力，经过两年的学习、准备，他不顾家人亲友的劝阻，再一次办了一个投资代理公司。

　　在这两年中，他自学了MBA（工商管理硕士）的大部分课程，加上多年来的商业经验，使他新开的公司一举成名。如今的戴维斯已经是功成名就了。他的公司下属的子公司遍布美国，经营业务种类达几

第七章 掌控情绪，重塑你的心灵能量圈

十种。

每个人都会在一生中面对多次失败，失败虽然令人失望，但它同时也能磨炼人的意志，还能让人有更多的勇气去接受挑战。如果你正视失败，在面对失败时，你能够经得起失败的挫折，那么你会因为不停地进取而抓住成功的机遇。

态度决定命运，意志可以改变一切。跌倒之后忍痛爬起来，这是对自己意志的磨炼。当我们有了如钢铁般的意志，便不会怕再次跌倒。有时候人的跌倒，心理上的感受和实际上受伤害的程度不一样，因此你一定要爬起来！这样你才会知道，事实上你有战胜失败的能力，如果自认起不来，那就是承认了自己是个懦夫，是个弱者。

"在哪里跌倒，就在哪里爬起来"是不害怕面对失败的一种态度。如果善于总结经验教训，那么你在爬起来之后就会很快地摆脱困境。自古成者王侯败者寇，其实成败只不过是一时的结果。人生是个过程，关键在于你追求的这个过程是否让你感到满意，如果你因为一时的挫折而放弃希望，那么你就永远成了一个失败的人。

现实虽然残酷，但强者从来不害怕。因此，不管你跌倒后受的伤是轻还是重，只要你不愿爬起来，那么你就会丧失机会，会被人看不起、为社会所遗弃。所以，要想能在真正跌倒时爬得起来就要有坚强的意志。人是具有能动性的，所以我们应该在社会实践中总结自己和前人的经验教训，从中了解进退取舍、对答应变的正确方法，主动地遵循事物的规律办事，这样才能应付各种变故。一旦失败，要能够经受住失败的考验，控制住危险和复杂的局面，尽力去维持现状，不要惊慌失措。

失败者往往有这样的心理：一种是由于自己已经处于败势，因此转攻为

守，不敢拼死一搏，害怕再度失败，从而让失败束缚住了自己的手脚，失去了反败为胜的机会。还有一种就是有时失败了却不服输，不冷静地分析自己失败的原因，急于反败为胜，结果贸然行动，反而招来更大的失败。这都是不能从失败中汲取经验教训的结果。

　　失败本身并不可怕，可怕的是失败之后人们丧失了继续奋斗下去的决心和勇气。所有胜利者，必定是经过艰苦努力才最终成功的。面对失败，如果能不气馁，继续奋斗，最终你必能感受胜利的欢乐。所以，在哪里跌倒，就在哪里爬起来，只有这样，才能使自己的人生更加精彩，才能让自己的一生无怨无悔！

第八章　职场吸引力，
让别人感受到你的能量

第八章　职场吸引力，让别人感受到你的能量

对工作负责，让自己散发无限的人格魅力

责任是一种与生俱来的使命，它伴随着每一个生命的始终。从一个人来到人世间开始，一直到他离开这个世界，每时每刻都要履行自己的责任。一个对别人负责的人，才是对自己真正负责的人。

一名公交车司机行车途中突发心脏病，在生命的最后一分钟里，他做了三件事：

——把车缓缓地停在马路边，并用最后的力气拉下了手动刹车闸；

——把车门打开，让乘客安全地下了车；

——将发动机熄火，确保了车和乘客、行人的安全。

他做完了这三件事，趴在方向盘上停止了呼吸。

这是一个真实的故事，让人感受到一种撼人心魄的力量，我们从中可以体会到什么叫作强烈的责任感。

的确，这个社会需要的正是这种深深的责任感。责任是上天赋予每个人的，我们从有认知开始就有了很多责任。我们不仅对自己负有责任，还要对别人负责，对集体负责任。尤其是在一个公司里，公司就像一个大机器，每一个人都是机器上的一个齿轮，如果不能承担起相应的责任，就会影响整个机器的正常运转。所以，无论何时，我们都不能推卸责任。推卸责任就意

味着我们推掉了实现自己价值的机会，也意味着我们开始对自己的良心不负责了。

其实，人生的意义就在于承担一定的责任。你能意识到自己的责任，并勇敢地扛起它，这样无论对于自己还是对于社会都将是问心无愧的。科威特女作家穆尼尔·纳素夫曾说过："责任心就是关心别人，关心整个社会。有了责任心，生活就有了真正的含义和灵魂。这就是考验，是对文明的至诚。它表现在对整体、对个人的关怀。这就是爱，就是主动。"人可以不伟大，人也可以清贫，但人不可以没有责任感。任何时候，我们都不能放弃肩上的责任，扛着它，就是扛着自己人生的信念。

社会学家戴维斯说："自己放弃了对社会的责任，就意味着放弃了自身在这个社会中更好生存的机会。"同样，如果一个人放弃了对工作的责任，也就放弃了在工作中获得更好发展的机会。

工作就意味着责任，无论你所做的是什么样的工作，都需要尽职尽责地完成。只要你能够尽职尽责地去把它做好，你所做的事情就是充满意义的，你就会获得他人的尊重和敬意。

王涛大学毕业后，来到一家钢铁公司工作。其间，他发现很多炼铁的矿石并没有得到完全、充分地冶炼，一些矿石中还残留着没有被冶炼好的铁。如果这样下去的话，公司岂不是会有很大的损失？

出于对工作的负责，王涛找到了负责这项工作的工人，跟他说明了问题，这位工人说："如果技术出了问题，工程师一定会跟我说的，现在还没有哪一位工程师向我说明这个问题，这说明现在没有问题。"王涛又找到了负责技术的工程师，对工程师说明了他看到的问题。工程师很自信地说："我们的技术是世界上一流的，怎么可能会有这样的问

第八章 职场吸引力，让别人感受到你的能量

题？"工程师并没有把他说的看成是一个很大的问题，还暗自认为，一个刚刚毕业的大学生能明白多少，不会是因为想博得别人的好感而表现自己吧？

但是王涛认为这是个很大的问题，于是拿着没有冶炼好的矿石找到了公司负责技术的总工程师。他说："先生，我认为这是一块没有冶炼好的矿石，您认为呢？"

总工程师看了一眼，说："没错，年轻人你说得对。哪来的矿石？"

王涛说："是我们公司的。"

"怎么会，我们公司的技术是一流的，怎么可能会有这样的问题？"总工程师很诧异。

"工程师也这么说，但事实确实如此。"王涛坚持道。

"看来是出问题了。怎么没有人向我反映？"总工程师有些发火了。

总工程师召集了负责技术的工程师来到车间，果然发现了一些冶炼并不充分的矿石。经过检查发现，原来是监测机器的某个零件出现了问题，才导致了矿石冶炼的不充分。

公司的总经理知道了这件事之后，不但奖励了王涛，而且还晋升他为负责技术监督的工程师。

总经理不无感慨地说："我们公司并不缺少工程师，但缺少的是负责任的工程师，这么多工程师就没有一个人发现问题，并且有人提出了问题，他们还不以为然。对于一个企业来讲，人才是重要的，但是更重要的是真正有责任感和忠诚于公司的人才。"

责任是一种能力,又远胜于能力。大多数企业中,并不缺乏能力出众的人,而缺乏的却是那种既有能力又有责任感的人才。因此,我们每一个人都要有强烈的责任意识,有责任感的人不论能力怎样,都会受到老板的重视,公司也会乐意在这种人身上投资,因为这种人是值得公司信赖和培养的。

每天多做一点事,你会更有吸引力

在工作中,吸引他人注意力的秘诀在于全力以赴,每天多做一点。多做一点,也许会占用你的时间,但是,你的工作会获得很大的进步,因为你会比别人积累更多的东西,如经验、技能等。更为重要的是,你的行为会使你赢得良好的声誉,并增加老板对你的器重和赏识。

安娜小姐最先为詹姆斯先生工作时,职务很低,但现在却已经成了詹姆斯先生的左膀右臂,担任其下属公司的总经理。安娜之所以能如此快速地升迁,秘密就在于"每天多做一点"。

"在为詹姆斯工作之初,我就注意到,每天下班后,所有的人都回家了。詹姆斯先生仍然会留在办公室里继续工作到很晚。因此,我决定下班后也留在办公室里。是的,的确没有人要求我这样做,但我认为自己应该留下来,在需要时为詹姆斯先生提供一些帮助。

"像找文件或打印材料等事情,起初都是詹姆斯先生自己亲自做。但是到了后来,他发现下班后我也待在公司,准备随时听候他的吩咐。这样,他就让我帮助他做些这样的日常性工作。"

第八章 职场吸引力，让别人感受到你的能量

詹姆斯先生为什么会养成召唤安娜小姐的习惯呢？因为安娜自动留在办公室，使詹姆斯先生随时可以看到她，并且诚心诚意为其服务。这样做她获得了报酬吗？没有。但是她获得了更多的机会，使自己赢得了老板的关注，最终获得了提升。所以说，"每天多做一点"的工作态度能使你的工作能力逐渐变得更加出色而从竞争中脱颖而出。

成功的人永远比别人做得更多更彻底。如果不是你的工作而你做了，这就是机会。有时，在工作中我们不必比别人多做许多，只需要一点点就已足够，就会让旁人对你刮目相看。当你多做了一点小事时，从乏味的工作中你便能体会到一种愉悦，这种快乐是任何辞藻都不能来形容的，它只属于你自己。这种快乐能进一步激发你的激情，从而使你更加热情地投入工作中去。你的老板也一定会更加关注你、信赖你，从而给你更多的晋升机会。

美国有一个叫亨利·瑞蒙德的人，他起初在美国《论坛报》做编辑工作，刚开始时的工资非常少，只能勉强糊口，但他还是每天平均工作13~14小时。往往是整个办公室的人都走了，他还在工作。"为了获得成功的机会，我必须比其他人做更多的工作，"他在日记中这样写道，"当我的同事们在酒吧时，我必须在工作间里；当他们熟睡时，我必须在学习。"后来，他成了美国《时代周刊》的总编。

全心全意地工作、尽职尽责地完成任务对于获取成功来说，还是不够的。你还应该多做一点，每天多努力一点，比别人期待的更多一点，如此可以吸引他人更多的注意，给自我的提升创造更多的机会。

每天多做一点会使你最大限度地展现自己的工作态度、最大限度地发挥

你的天赋，从而使你的自身价值不断得以提升。

　　16岁的周华由于家境贫穷，只好辍学出来打工。初到深圳，一无文凭，二没关系，三缺手艺的他，无所凭借，于是只能栖居在沙头角的铁皮房中。经过认真反复的思考和了解，周华决定去卖菜。

　　卖菜成本低，几百元就可以周转，只是他每天都得起早摸黑，活又脏又累。

　　卖菜的过程中，周华一直留心观察身边的事情。他发现，做豆腐是门手艺，不像卖菜，谁都可以干。于是他马上向做豆腐的师傅学习，以更勤奋的工作获得对方的信任，最后还和做豆腐的人合作，卖起了豆腐。

　　豆腐在菜场中零卖销量有限，周华经过观察发现，豆腐卖给食堂这样的地方更有利润。于是接下来他便开始给食堂送货。别人送豆腐送到货收了钱就走，周华则不同，他每送一处，只要人家正在做饭，他一定把豆腐切好，下到锅里。就因为多做了这一点小事，周华的人生出现了第一次转机。

　　有一天，周华为沙头角一个上千人的大公司食堂送豆腐，恰巧该公司的行政部经理正在食堂检查工作，看见周华帮着切豆腐，便询问怎么回事。员工说他每次都这样做。行政经理当即说，你也不用再卖豆腐了，到公司来上班吧，我们正缺一名保安。

　　这个岗位的职责也就是坐在公司门口，监督工人上下班打卡，保证公司财物安全。在这个岗位上，周华又做了别的保安从未做过的事——他将公司门口打扫得干干净净，连打卡机的卡架都擦得没有一丝灰尘，周华一干就是一年多。一年之后，他的人生又出现了第二个转机。

第八章 职场吸引力，让别人感受到你的能量

这家公司进军商界，开设连锁超市，需抽调老员工去从事经营管理工作。周华勤勉负责的工作态度和积极主动的工作作风，使老板不加考虑地就把他选上了，让他负责超市的财务管理。

周华自从得到这份差事以后，非常珍惜它，他克服了自己文化水平低的困难，将业务账目梳理得井井有条。无论供货有多少品种，销退、结账、保质期，他都在账上反映得清清楚楚，使进出货极有效率。此外，他又比别的同事多做了一件事：每次货物进出，他必亲临现场查验。而客户结算退货他也都一帮到底，装卸搬运、填单制据。

于是，周华的第三次转机又出现了。周华的细致严谨，被一位供货的台湾商人看在眼里、记在心上，这位老板决定聘请他专门打理其大陆批发业务，作为其在大陆业务的拓展负责人。

经历几番转机的直线上升之后，周华已经今非昔比了，他成为身价数百万，拥有数辆货柜车，每月批发几个集装箱的进口蜜饯的独立批发商。不过，尽管已是老板，但他仍旧坚持这个使他的人生得到转变的原则——比别人多做一点。

有时，在工作中我们不必比别人多做许多，只需要一点点就已足够，这样就会让旁人刮目相看。每天多做一点点，并不会占用你太多时间，但是会让你离成功更近一步。

用你的忠诚，赢得他人的青睐

做事先做人，一个人无论成就多大的事业，人品永远是第一位的，而做人的第一要素就是忠诚。

忠诚是一种真心待人、忠于人、勤于事的奉献精神，它出自内心，而绝非虚伪做作。索尼公司有这样一句话："如果想进入公司，请拿出你的忠诚来。"这是每一个意欲进入索尼公司的应聘者常听到的一句话。索尼公司认为：一个不忠于公司的人，再有能力也不能录用，因为他可能为公司带来比能力平庸者更大的破坏，索尼公司不喜欢"叛徒"。

坎菲尔是一家企业的业务部副经理，他聪明能干，毕业短短两年便能够业绩卓著。然而半年之后，他悄悄离开了公司。

原来，坎菲尔在担任业务部副经理时，曾经收过一笔现款，业务部经理说可以不入账："没事儿，大家都这么干，你还年轻，以后多学着点儿。"坎菲尔虽然觉得这么做不妥，但是他也没拒绝，半推半就地拿了5000美元。当然，业务部经理拿到的更多。没多久，业务部经理就辞职了。后来，总经理发现了这件事，坎菲尔不能在公司待下去了。

坎菲尔很后悔，但是有些东西失去了是很难弥补回来的。坎菲尔失去的是对公司的忠诚，还能奢望公司再相信他吗？

第八章　职场吸引力，让别人感受到你的能量

当一个人失掉了忠诚，连同一起失掉的还有尊严、诚信、荣誉以及个人的前途。忠诚是衡量个人人品的一把尺子，也是人们最应该值得重视的美德之一。特别是对于领导者而言，通常他们手中都掌握着一定权力，面临的诱惑更多一些，如果不保持警惕，就可能被糖衣炮弹击中，在各种诱惑面前打败仗、摔跟头。所以，我们要守住思想道德的底线，做到任何情况下都稳得住心神、管得住行为、守得住清白。

这个世界是讲究回报的，你的付出不会是竹篮打水。付出总有回报，当你忠诚于别人的同时，你也会获得别人对你的忠诚；当你忠诚于你的企业时，你所得到的不仅仅是企业领导者对你的更大信任，还会使企图诱惑你的人感受到你的人格力量。

赵凯到一家大型合资公司面试。赵凯的工作能力无可挑剔，但是对方提出了一个使赵凯很失望的问题：

"我们很欢迎你到我们公司来工作，你的能力和资历都非常不错。我听说，你以前的公司开发了一个新的财务应用软件，据说你提了很多有价值的建议。我们公司也正在策划这方面的工作，你能否透露一些你前公司的情况，你知道这对我们很重要，而且这也是我们为什么看中你的一个原因。请原谅我的直白。"面试官说。

"你问我的问题令我感到失望，同样我的回答也会使你失望的。很抱歉，我有义务忠诚于我的前公司，即使我已经离开，无论何时何地，我都必须这么做。与获得一份工作相比，忠诚守信对我而言更重要。"赵凯说完就走了。

赵凯的朋友都替他惋惜，他却为自己所做的一切感到坦然。

没过几天，赵凯收到了来自这家公司的一封邮件。信上写着："赵

凯,祝贺你被我公司录用了,不仅因为你的专业能力,更重要的还有你的忠诚。"

一个不为诱惑所动、能够经得住考验的人,不仅不会失去机会,反而会让机会找上门。此外,这样的人还能赢得别人对他的尊重。

任何人都归属于组织。忠诚于组织,实际上就是忠诚于自己。麦克阿瑟曾经讲过:士兵必须忠诚于统帅,这是义务。对士兵而言,忠诚于统帅,实际上就是忠诚于组织。对组织的忠诚,来源于个人坚定的信仰。只有坚持正确的信仰,你才会拥有正确的人生观、事业观,才会在事业中释放更多的个人魅力,实现更大的人生价值。

对组织忠诚是推进事业关键的保证。当你有了对组织的忠诚,就会自觉把组织的方针政策贯彻到各项工作中去,就会主动为组织分忧,就会把全部心思和精力用到工作上。即使你的知识水平不那么高、能力素质不那么强,也能去学习、去奋斗,去创造出不平凡的业绩。

约翰在一家知名的广告公司工作,公司总经理是一个精明、有亲和力的人,约翰的工作就是帮总经理签单拉户。谈判过程中,约翰的谈吐,沉稳得令许多客户敬佩。

约翰刚步入公司,公司运转正常,约翰工作得很舒服。那时,公司承担了一个大项目的建设,在各大街道做广告,全体员工对此惊喜万分,全身心地投入工作中去,全市的每个街道都要做10多个广告,整个城市至少也有1000多个广告,这给公司带来的经济利益和社会效应是十分可观的。

总经理在发工资那天召集全体员工开会:"公司承担的这个项目很

第八章 职场吸引力，让别人感受到你的能量

大，光准备工作就耗资几百万元，公司资金暂且紧张，所以，该月工资就放到下月一起发放，请你们谅解一下公司。工资早晚都是你们的，只要我们的项目搞好，大家一起来共享利润。"所有的员工都对经理的话表示赞同。约翰这时产生了这样的想法：公司现在正是资金大流动的时候，我们所有的员工都应该集资投入大项目中去。

可是，半年以后风云突变。经过公司努力，全套审批手续批下来的时候，公司却因资金缺乏，工程完全陷入停滞状态。别说给员工发工资，就连公司日常的耗费也只有向银行伸出求救之手。但公司目前景不堪，贷款数目巨大，银行也不给予他们答复。

然而，就在这个困难时期，约翰说出了心里的想法：全体员工集资。经理笑了笑，无奈地拍拍他的肩膀："能集多少钱？公司又不是投入几十万就能脱离险境，集个几十万只是杯水车薪，连一个缺口都堵不住。"

当经理召集全体员工陈述公司的现状时，一下子人心涣散，人员所剩无几，没有拿到工资的员工将经理的办公室围得水泄不通，见经理实在无钱支付工资，他们便各谋所需，将公司的东西分得一无所有，约翰并没有放弃，这么好的机会，难道就这样付之东流吗？他产生了一种莫名的感觉：沙漠里的人也能生存。不到一个星期，公司只剩下屈指可数的几个人时，有人来高薪聘请他，但他只说："公司景气的时候，给了我许多好处，当公司有困难的时候，我总得和公司共渡难关。只要经理没有宣布公司倒闭，经理留在这里，我始终不会离开公司，哪怕只剩下我一个人。"

事情总在人的意料中，不久公司就只剩下他一个人陪经理了，经理歉疚地问他为什么要留下来，约翰微笑地说了一句话："既然上了船，

船遇到惊涛骇浪，就应该同舟共济。"街道广告属于城市规划的重点项目，他们停顿下来以后，在政府的催促下，公司将这来之不易的项目转卖给另一家大公司。但是在签订合同的时候，经理提出了一个对方不可说不的条件：约翰必须在你那公司里出任项目开发部经理。经理握着约翰的手向那公司经理推荐："这是一个难得的人才，只要他上了你的船，就一定会和你风雨同舟。"一个公司需要许多精英人才，但更需要与公司共进退的人才。

加盟新公司后，约翰出任了项目开发部经理。原公司拖欠的工资，新公司补发给了他。经理握着他的手微笑地说："这个世界，能与公司共进退的人才非常难得。或许以后我的公司也会遇到种种困难，我希望有人能与我同舟共济。"

这个年轻人在后来的几十年的时间里一直没有离开这个公司，在他的努力下，公司得到了更为快速的发展。如今这个年轻人已经成了这家公司的副总。

西方有句俗语："一盎司的忠诚抵得上一大堆的智慧。"忠诚于自己的公司，与公司同舟共济、共赴艰难，这样便可获得强大的力量，个人的职业生涯就会变得更加饱满，事业就会变得更有成就感。

忠诚是每一个公司的领导人都看重的品质。对于每一个职场人士而言，忠诚可以有效地使自己与公司相结合，把自己真正当作集体的一分子，时时事事用心，以公司的兴衰为己任，散发出自己全部的力量，激发出自己的所有潜能；为公司创造财富的同时，也为自己开创出一片新天地！

第八章　职场吸引力，让别人感受到你的能量

保持专注，集中精力处理好每件事

当今时代，做事是否专注，已成为衡量一个人职业品质的标准之一。无论做任何事，心无旁骛地完成自己分内之事，才是当务之急。

专注是一种职业精神，它不仅仅是一种外在的行动体现，更是一种执着、坚持不懈的心态。专注就是把意识集中在某一个特定目标上的行为，并要一直集中到你已经找出实现它的方法，而且坚决地将解决问题的方法付诸实际行动。

张浩是一个专业的赛车手，拥有无与伦比的赛车天赋。他入行的时间很短，能有今天的成就，全依赖他的勤奋好学。无论刮风、下雨、下雪，他每天都坚持练习。车技也突飞猛进，驾起车来又快又稳。

业余时间，他也做教练，教学生练车。王庆是他其中的一名学生，向他学习驾车技术。没过多久，王庆觉得自己学得差不多了，就要求和张浩比一比。

赛车场上，只听一声令下，两辆车如离弦之箭一般冲出。比赛结果是张浩赢了。王庆不服气，要求换车再比，结果连比三次，王庆都输了。

王庆很不高兴，认为张浩留了一手。张浩说："我把技术全都教给你了，只不过在比赛时，我一心一意专心开车，而你却一心一意想着输

赢，心神不集中，怎么能不输呢？"

由此可见，我们只有专注于一个目标，全身心地投入去做，才会心想事成。任何一个人要想把事情干成功，都需要具备一定的专注力。而领导者专注力的高低，直接决定了其组织或团队能否实现其战略目标。

曾经有人问洛克菲勒这样一个问题："你是如何完成如此多的工作的？"他回答说："我在特定的时间内只集中精力做一件事，而且我会尽最大努力去做好它。"集中精力做好一件事，是领导者获取成功必备的品质。当你能够一心一意去做好每一件事时，你会发现自己工作得更快，更有效率。正如政治家西塞罗所说："任凭怎样脆弱的人，只要把全部的精力倾注在唯一的目标上，必能有所成就。"

哲学家亚当斯说过："再大的学问，也不如聚精会神来得有用。"的确，当一个人专注于某事的时候，他往往能够把自己的时间、精力和智慧凝聚到所要干的事情上，从而最大限度地发挥自己的积极性、主动性和创造性，提高执行力，努力实现自己的目标。

成功来自于专注。只有养成专注工作的好习惯，你的工作才能变得更有效率，你也更会乐于工作，而且更容易取得成功。那么如何提高你的专注力呢？

1. 自我发问和反思。想要在工作习惯上有所突破，先要考虑的是："我想做什么事？"或是："我想成为什么样的人？"有了这种强烈的目的意识，你才会集中精力，并调动自身积累的知识和经验，在有意或无意中使自己所关注的事情有所突破。

2. 预先定好工作期限。人们做某件事情时要在心中为自己设定一个截止日期。"什么时候都行"就等于"什么时候都完不成"。因此，将自己完全投入工作中去，让精神变得兴奋，这样才可以增加专注的动力。

3. 饶有兴趣地开始你的工作。兴趣、爱好使人勤奋，使人坚持不懈地将一件事干下去。人们在从事自己所喜爱的事情时，总是感到有一种莫名的兴奋感和满足感。即使你所做的事情让你有压力或在别人看来很无趣，但对于一个对其有兴趣的人来说这也是一种宽慰和快乐。

4. 不被其他事物吸引。工作环境很重要，要排除那些妨碍你集中思想的客观刺激源。当你的精神高度集中于某一事情时，突然从旁边传来了收音机或电视机的声音，这样你的注意力自然就很难集中了。

享受工作的乐趣，让人感受到你拥有的能量

人的一生离不开工作，而且大部分时间都需要在工作中度过。工作不仅仅是为了满足我们生存的需要，同时也是实现个人人生价值的重要途径，不要把工作看成一种谋生手段，而应该把工作当成一种乐趣，这样你才能为工作投入，甚至为它痴迷。这时所有的困难都会迎刃而解，因为工作已经成为一种享受，它为我们的生命增添光彩。

热爱自己的工作，拥有一个快乐、乐观、积极向上的工作心态是非常重要的。许多外在条件固然是我们生存的必需品，但对于一个具有良好修养的人来说，更有价值的是一个人在工作中体现出的自己的价值、找到的快乐。在工作中发现快乐、找到快乐才是你的价值所在。只有热爱工作，才能发挥无穷潜力。

可能很多人都有过这样的一种经历：当自己在做一件事情的时候，如果

发觉其中没有什么乐趣可言，享受不到因为做这件事情带来的快乐，那么就很难继续做下去。如果我们能从中体会到乐趣的话，便会提起我们的兴趣，会让我们投入更多的热情和精力把这件事情做好。因此，对一个人来说，只有培养和发现工作中的乐趣，才能使其更好地完成自己的本职工作，才能成为深受他人喜欢的人。

有位美国记者到墨西哥的一个部落采访，正赶上一个集市交易的日子，当地居民都拿着自己的物产到集市上交易。这位记者看到一个老太太在卖柠檬，五美分一个。老太太的生意显然不太好，一上午也没卖出去几个。这位记者动了恻隐之心，于是他打算买下老太太的全部柠檬，以便她能高高兴兴地早点回家。当他把自己的想法告诉老太太的时候，老太太的话却让他大吃一惊："都卖给你？我下午干什么？"

显然，老太太非常喜欢卖柠檬这项工作，她把卖柠檬当成了一种生活乐趣，而不仅仅是谋生的手段。反观我们的生活，很多人却把工作视为苦役，一上班就想：受罪开始了，离下班还有八个小时呢，何时能熬到头啊？如此心态，又怎么能从工作中找到快乐呢？当然，由于生活节奏的加快，我们的工作压力的确很大，但是，既然我们无法改变，为什么不换种心情去工作呢？当你放弃了抱怨，当你把工作当成一种乐趣，工作就会带给你快乐。

托尔斯泰曾经说过："人生的乐趣隐含在工作之中。"但现实生活中却很多人都在抱怨自己的工作，专业不对口、学无所用，或者学了点专长就报怨英雄无用武之地。如果你总认为现在从事的工作和自己的兴趣不合，必定会对工作提不起兴致，感到工作起来简直就是在受罪。其实，不管你的处境有多么糟糕，你都不能因此而厌恶你的工作。如果因为环境所迫，你不得

第八章 职场吸引力，让别人感受到你的能量

不做些乏味的工作，你也要设法使工作变得充满乐趣；以这样积极的态度工作，你将收获意想不到的结果。

唐尼·多伊奇是多伊奇公司首席执行官。1983年，那时他24岁，在父亲的广告公司里当客户经理。起初，他总是做不好这份工作，因为他本该照管客户，可他却忙着享乐，不准备在此职位上长期发展。于是他被父亲解雇了。父亲对他说："看看，你对工作没有热情。你走吧！你不喜欢干，我也不想让你待在这里了，因为我喜欢我的工作。"父亲接下来又说："听着，不论你这辈子干什么，一定要做你喜欢做的事情。哪怕是捡垃圾，我也不会介意。你热爱什么工作，你就会把它干得很出色，钱就会来，其他的好事儿也会跟着来的。"

这番话让唐尼·多伊奇的心里很难受。但他知道，他需要闯荡一番，不然自己终将一事无成。于是他离开了父亲的公司，自己出去闯荡，也就是在这个时期他终于找到了自我。

半年后，唐尼·多伊奇听说父亲正考虑出售公司。有人出了价，不过不是很高，但对方允许他父亲在交易结束后继续在公司工作几年。他父亲已经55岁了，这正是他父亲所希望的。唐尼·多伊奇却对父亲说："别卖了，我想回来。只是我不想当什么会计，给我一个重要的职位，然后不要太多干涉我的工作。我会开拓新业务的，让我在这里干出一番自己的事业来。"父亲同意了。

从那时起，唐尼·多伊奇全力经营公司。他不再去照管客户，而开始推广新业务。他恰巧对此很在行，也爱上了这一行。七年后，他成了多伊奇公司的首席执行官。他父亲高高兴兴地退休了，当起了画家。现在多伊奇公司已是美国十大广告公司之一。

有的工作开始时你可能并不喜欢，这样你自然很难从工作中感受到乐趣，你应该主动培养对工作的兴趣，让自己热爱自己的工作。一旦爱上了自己的工作，你就会对工作着迷，你也因此会从工作中获得无限的乐趣，你会觉得工作就是一切，而不再把工作看成苦差事。

对工作充满兴趣，你就会从工作中感受到快乐。有的人之所以把工作视为苦役，就在于他无论如何努力，也不喜欢自己的工作。如果把工作当成一种乐趣，那么生活就会是美好的；如果把工作当成苦差事，那么生活将失去意义。只有我们寻找到工作中的乐趣后，才能享受到工作中的乐趣，才能更好地完成工作。

当你把工作当成一种乐趣，工作就会带给你快乐。如果你在工作中尽量去寻找乐趣，带着一种乐观的心态去投入工作的话，相信那种乏味、窒息的工作氛围以及自己的精神状态会大为改观。你不仅会发现自己的工作效率大大提高了，你的乐观态度还会影响周围的人。所以一个人是否快乐，并不在于他从事了什么工作，而在于他是否从这份工作中找到真正的快乐，找到那份来自灵魂深处的快乐。

许多时候，工作中不是没有乐趣，而是我们缺少发现乐趣、感受乐趣的心。乐趣源于我们在工作中的真诚投入，我们在投入中贡献着力量，实现着价值，这种投入不仅仅是一种热情，更是一种实实在在的行动。无论你从事着什么样的工作，能否从中感受到快乐，要看你对工作所持的态度。所以说，那些善于从工作中找到乐趣、快乐工作的人更容易取得成功。

第九章 豁达从容,改变你生活状态的法宝

第九章　豁达从容，改变你生活状态的法宝

拿得起是能力，放得下是智慧

"拿得起，放得下"是人生的真谛。所谓"拿得起"，就是想做什么事情就敢于去做；所谓"放得下"，就是做一件事时，知道变通，该放手时就放手。"拿得起，放得下"是指在对待两难的问题上，敢于做决定。很多人终其一生都在思考这个问题，所以我们说，做到"拿得起，放得下"是人生最大的智慧。

一天，老和尚带着小和尚出门化缘，路过一条小河时，见到一名女子站在河边不敢过河。老和尚就对女子说："我来背你过河。"便将女子背在身后涉水过河。小和尚见到老和尚的这一举动很是惊诧，心中百般不解，却又不敢轻易打探，只得一路跟随其后。走出数十里后，小和尚实在忍耐不住，便开口问师傅："刚才你背女子过河，难道不怕触犯了戒律？"老和尚并没有正面解释，只是轻描淡写地笑答："我到了岸边就已经放下了，你怎么背了几十里路，到现在还没有放下呀？"

在这个世界上，为什么有的人活得轻松，而有的人活得沉重？前者是拿得起放得下的人；而后者是拿得起却放不下的人，所以沉重。很显然，故事中的老和尚属于前者，而小和尚属于后者。所以，我们要学会拿得起，放得下。

"拿得起，放得下"是一种心态，一种对待生活的理性态度，一切都在平平常常之间，我们不需要刻意去追求什么。这样，我们才无烦恼，生活才快乐。

拿得起，实为可贵；放得下，才是人生之真谛。只有放得下的人，才能将该拿得起的东西更好地把握住，从而抓住最重要的东西。只有这样，你的人生才会有一个好的结局。

《庄子》中有这样一篇文章：

肩吾与孙叔敖是同乡，两人在一个村子里长大，可是也算不得什么深交。

孙叔敖长大后到外面谋生，直到后来才又回到村子来安度余年。有一天，两人在树下乘凉饮茶，肩吾问孙叔敖说："一般做过官的人衣锦还乡大都兴建豪宅，围起高高的篱笆，生怕别人抢夺他的钱财，危害他的生命。而你曾经三度为相，当你做宰相时，我感觉不出你家的老宅子有什么改变，你三度罢相，这一回，你告老还乡，我也感觉不出你有什么怅然若失之态。刚开始的时候，我还怀疑你是深藏不露，喜怒不形于色，可是这一段时间，你天天在这里喝茶乘凉，显得一副悠闲自得的样子，我才相信，你是真的不把在朝在野这档事放在心上。荣华富贵、归隐乡林都不能影响你，你到底是怎么做到的呢？"

孙叔敖说："我又有什么过人之处呢？我不过是因为官职来到我身上，我不能推卸；官职离开我，我也留不住。我觉得得官失官都不是我能决定的，所以就没有忧愁。我又有什么过人之处呢？再说，得与失究竟是在令尹的职位上呢，还是在我身上？如果是在令尹的职位上，那就与我无关；如果是在我身上，那就与令尹的职位无关。我要考虑的是做到心满意足、从容自得，哪有闲心想什么人的贵贱呢？"

一个人在处世中，拿得起是一种勇气，放得下是一种肚量。对于人生

第九章　豁达从容，改变你生活状态的法宝

道路上的鲜花、掌声，有一定境界的人大都能等闲视之，屡经风雨的人更有自知之明。但对于坎坷与泥泞，一个人若能以平常之心视之，就非常不容易了。遇见大的挫折与大的灾难，能不为之所动，能坦然承受，这则是一种胸襟和肚量。

拿得起，是一种能力；放得下，是一种境界。真正的强者，既要能拿得起，更要学会放得下。

人一旦拥有了快乐，也就拥有了幸福

我们每一个人都希望快乐地活着，但快乐就像多变的天气一样喜怒无常，刚刚把它抓住，它又从我们的指缝中溜走了。其实，快乐无处不在，只要我们有一颗快乐的心，就会在日常的生活中随处获取点点滴滴、源源不断的快乐。

从前，有个人生活得非常快乐，但他总担心这种快乐会丢失。一天，他弯下腰想看看自己的快乐还在不在，快乐却突然间不知去向，这人急得团团转，弯着腰低着头到处寻找。但他找遍了山川田野的每一个角落，快乐还是无影无踪。他绝望地直起身子，自言自语道："不找了，随它去吧！难道我要一辈子这样弯着腰吗？"说也奇怪，就在他抬起头的刹那，快乐突然又回到了他的身边，他顿时明白了欢乐的真谛。

快乐是一个过程，是一种顺其自然的经历。当快乐的情绪来到面前时，你就应该去珍惜它,不要因为寻找快乐而失去快乐。愚人向远方寻找快乐,智者则在自己身边培养快乐。快乐就在你我身边,停下匆匆的脚步,细细享受,快乐早已将你紧紧拥抱。

快乐的心情是简单的。快乐不需要太多的诠释和想象。真正的快乐,就是来自我们内心深处的一种持久的喜悦。

有一个国王得了重病,他躺在丝绸床垫上奄奄一息。这个王国中所有的名医都被召来为他会诊。然而国王的病却不见起色,最后医生们一致认为,只有找一位快乐的人穿的衬衫,把它放在病人的头下,方能治愈他。于是,许多钦差被派到各地去寻找快乐的人。钦差们找遍了全国,他们没有找到一个快乐的人。最后,正当钦差们要放弃时,他们遇到了一个牧羊人,他一边放牧一边又唱又笑。钦差问他:"你为什么又唱又笑?"牧羊人笑着说:"我认为我比别人更快乐。"于是,钦差要求牧羊人把衬衫脱下给他们。但牧羊人却说我连一件衬衫都没有。这可太糟糕了,全国唯一的快乐者却没有衬衫。国王听到这个消息,不由陷入沉思。他冥思苦想了三天三夜,不让任何人接近他。在第四天,国王将他所有的珍宝都散发给了人民。从那时起,他又重新恢复了健康。

这个故事说出了快乐的真谛——快乐的源泉,在我们自己的内心!要想拥有快乐并非取决于你是什么人,或你拥有什么,快乐完全来自于你的思想,你心中注满希望、自信、真爱与成功的想法,你就是快乐的。假如你下决心使自己快乐,你就能够使自己快乐!快乐无须理由,它本身就是理由!

快乐是一种生活态度,一种生活习惯。快乐的生活需要快乐的心情,而快乐的心情是需要自己营造的。快乐的心情从哪里来呢?快乐的心情从我们的生活中来。生活需要快乐的心情,快乐的心情又来自于生活,就是这样的互相离不开。心理学博士凯伦·撒尔玛索恩女士曾说过:"我们的生活有

第九章 豁达从容，改变你生活状态的法宝

太多不确定的因素，你随时可能会被突如其来的变化扰乱心情。与其随波逐流，不如有意识地培养一些让你快乐的习惯，随时帮助自己调整心情。"所以，生活中别忘了时时享受快乐，拥有了快乐你就拥有了幸福。

幸福是一种心灵的感受

幸福，在人们心里没有统一的标准，每个人都有他自己对幸福的概念。
商人说："幸福就是拥有更多的金钱。"
战士说："幸福就是让祖国更加富强。"
学生说："幸福就是放一天的假，让我睡个好觉。"
孤儿说："幸福就是拥有母爱。"
……
每个人对幸福都有不同的答案，可是无论幸福是什么，我们都应该珍惜自己所拥有的幸福。

美国一位颇具知名度的电视节目主持人，有一回邀请某位老人到他的节目中接受访问。这位老者在节目中所说的话的内容十分朴实、自然、得当，每次话音未落，总会使人开怀大笑，老人受到了观众们的热烈欢迎。当然，这位主持人也因感染了其中的温馨气氛而愉悦不已。这位主持人问这位老人："你为何会这样幸福呢？你一定有关于创造幸福的不可思议的秘诀吧？"老人回答："根本没有什么不可思议的秘诀，这件事就好比每个人的脸上都有一张嘴巴一般，是件非常正常的事。我

为人处世智慧书

只是在每天早晨起床时做一个选择,那就是选择幸福而已。"

这位老人的见解听来也似乎过于浅显。但是,却让我们想起一件重要的事,那就是:"人们如果下定决心要拥有幸福,他就会得到幸福。"想获得幸福的人应采取积极的心态对待事情,这样,幸福就会被吸引和聚积到他们的身边。那些态度消极的人不会吸引幸福,只会排斥幸福。

幸福是每个人都向往的,但又有多少人能感受到自己的幸福。幸福不是凭空得来的,也不要觉得幸福是顺其自然就可能得到的,唯有紧抓住幸福,把握现在,才是真正的幸福。

很久以前,有个年轻勇士出海航行,去寻找属于自己的幸福。旅途中看到一个海岛,岛上有座雄伟的城堡,于是他下船来到岛上。城堡里有着数之不尽的财宝,还住着一位美丽的公主,如果勇士肯留下来定居,公主就嫁给他。但这位勇士没有留下,他相信前方的旅途中会有更大的幸福在等着他。

又经过长久的航行,他来到了第二个海岛,岛上的城堡比上一个海岛上的城堡更大,更加富丽堂皇。城堡的国王热情地邀请勇士留下,国王愿意把自己的无数的宝藏和公主全交给他。看着比上一海岛上更多的财富和更美丽动人的公主,勇士有些心动,但是他还是没有留下,他坚信前方会有更好的。

终于他来到了一个更大的岛屿,城堡位于岛的中央,比前两个城堡都要高大。勇士激动地推开了城堡的大门。但迎接他的不是数不清的财宝和美丽的公主,而是一个邪恶丑陋的巫婆。巫婆用法术控制了他,强迫他做苦工,他每天都过着苦不堪言的生活。他很后悔没有珍惜前面的幸福时光,可时光不会倒流。

第九章 豁达从容，改变你生活状态的法宝

在寻找幸福的路上，我们每个人都是百折不挠的勇士，但有时，却由于我们的过分执着和贪婪，使幸福一次一次地与我们擦肩而过。其实，幸福可以很简单，它就在你我的身边，只是我们一直都身在福中不知福。我们需要认真地、感激地、宽容地对待人生并品味生活。要知道，在追求幸福的过程中，只有那些善于抓住幸福的人才懂得什么是幸福，才知道如何去体味幸福。

得之坦然，失之泰然，顺其自然

人生总是有得有失，这本是无可厚非的，但如何正确对待个人得失，却是我们应该深思和慎重考虑的。

有个商人发了一笔小财，他高兴得不得了，于是逢人便说自己赚了多少的钱，可是后来他又十分后悔，他怕自己把这件事说出去后，有人去偷他的金子，所以他每日担心，每夜都难以入睡。于是他就在墙角处挖了一个洞，把金子放在那里，而且每天都要看一次。由于他总要去那里，渐渐地还是引起了别人的注意，终于有人趁他不备偷走了金子。这位商人再去时，金子已经不见了，于是他放声大哭起来。邻居见他如此难过，就纷纷安慰他说："金子埋在那里不用，和石头没有什么区别，这样吧，你再埋一块石头在那里，拿它当金子不就行了吗？"于是，这位商人这才停住了哭声。

为人处世智慧书

面对得失就应当有一个正常、豁达的态度，既不要在得到时喜不自胜，也不能在失去时悲痛欲绝。能够正视自己的得失，对你的人生观会很有帮助。自古以来，千军易得、一将难求。有人得一人而天下兴，也有人得一人而江山亡。如文王得姜尚，纣王得妲己。得失之间有好有坏，得也不一定值得欢喜，失也不一定值得伤悲。不管是得是失，都各有因缘。

战国时期，靠近北部边城，住着一个老人，名叫塞翁。一次，他养的一匹好马突然失踪了。邻居和亲友们听说后，都跑来安慰他。老人并不焦急，他笑了笑说："马虽然丢了，可怎么知道这就不是一件好事呢？"邻居听了老人的话，心里觉得很好笑。马丢了，明明是件坏事，他却认为也许是好事，显然是自我安慰而已。

过了几天，丢失的马不仅自己返回家，还意外地带回一匹匈奴的骏马。这事轰动了全村，人们纷纷向老人祝贺。塞翁听了邻人的祝贺，反而一点高兴的样子都没有，忧虑地说："白白得了一匹好马，不一定是什么福气，也许会惹出什么麻烦来。"

几天之后，老人的独生子骑着那匹好马玩，这匹马不熟悉它的新主人，乱跑乱窜，将小伙子摔下来，小伙子把腿摔瘸了。

人们听说后，又跑来安慰老人。可是老人仍然淡然地说："没什么，腿摔断了却保住性命，或许是福气呢！"邻居们觉得他又在胡言乱语。他们想不出，小伙子摔断腿会给老人带来什么福气。

不久，边境上发生了战争，很多青年人被应征入伍，上了前线，只有老人的儿子因为身体残废，留在家里，才侥幸活了下来。

"塞翁失马，焉知非福"，生活中的得与失或许左右你的人生。塞翁这种透过长远时空、利弊并重地思考问题的方式，自然产生"不以物喜，不以己悲"，顺其自然的平常心。顺其自然不等于逆来顺受，而是随着环境变化而调整心态，乐观积极地面对生活。顺其自然是与世无争的悠闲，得之淡然，失之泰然。

有道是：避苦求乐是人性的自然，多苦少乐是人生的必然；能苦会乐是凡人的坦然，化苦为乐是智者的超然。一个人有了海阔天空的心境和虚怀若谷的胸怀就能自信达观地笑对人生的种种苦难与逆境。视世间的千般烦恼、万种忧愁如过眼烟云，不为功名利禄所缚，不为得失荣辱所累，就能从苦境或困惑中解脱出来。以宽宏大量和豁达大度的心态去容忍别人和容纳自己，遇事想得开，看得透，拿得起，放得下；得之淡然，失之泰然。

"得之淡然，失之泰然"是一种心境，是面对一切的不计较，无论面对的是金钱、名利或地位；坦然，是面对现实的一种从容不惊，一种泰然。人生之路并不都是充满阳光的，有时也会有沟沟坎坎、磕磕绊绊，许多的成败得失，并不都是我们能预料到的，也不是我们都能够承担起的，但只要我们努力去做，求得一份付出后的泰然，得到的也会是一种快乐。

学会"得之淡然，失之泰然"，才能真正做到心态平和。经受住成功和失败的种种考验的人，才是真正成功的人。

大道至简，学会享受简单生活

现代社会，人的生活被各种繁杂的事务切割，人们常常陷在各种各样的纠缠中，生活在复杂状态里。匆忙的脚步，疲惫的心灵，偶然抬头的时候才发现，生活已不再是我们汲取快乐的源地，而是使我们沮丧悲观的重担。而这一切的一切，皆因我们日渐复杂的心灵和无休无止的欲望。

为人处世智慧书

最深奥的道理反而是简明的,正如老子说:"大道至简。"生活亦如此。著名作家刘心武曾说过:"在五光十色的现代世界中,应该记住这样古老的真理:活得简单才能活得自由。"把日子过简单是一种智慧,是智者所选择的生活方式。

为了生活得轻松愉快,我们必须学会简单生活。在一个完全被物质化的都市里生活,人们有必要学会对外在的一切东西都化繁为简,把自己的生活简单化、朴素化,真做到了这一点,随之而来的将是喜悦,是一种轻松感和幸福感。

简单,只有两个字,简单得无须解释,又深刻得难以言说。简单,是平息外部无休止的喧嚣,回归内在真我的唯一途径。生活不会永远是波澜壮阔,也不会单一成黑色。但生活需要我们从中寻求平静,寻求简单。化繁为简,是需要一种才能的。莎士比亚说过:"简洁是智慧的灵魂。"简单不是郁闷,而是美好,正如一位大艺术家说过:简单就是美。一位哲人说过:因为简单,才是极致。人生就是这样的,最简单的穿戴往往是最美的,最简单的嘱咐往往是最感人的,最简单的举动往往是最能深入人心的。

简单生活,其实也是最基本的为人处世之策。冰心说过:"如果你变得简单了,那么这个世界看起来也就简单了。"简单使生活回归自然,使浮华回归淳朴,使嘈杂回归宁静,使身体清爽和健康。简单的心态易于满足,易于得到快乐,所以说简单是快乐的源地。

美国作家丽莎·茵·普兰特说过:"简单不一定最美,但最美的一定简单。"所以说,最美的人生也应当是简单的人生。因为有些人以为的快乐生活以及许多所谓的快乐生活,不仅是烦琐的,甚至还是人类进步的障碍和历史的悲哀。人们在这种状态下,更愿意选择另一种生活方式,简单而且有序的生活。

简单生活是经过详细认真地考虑之后,表现自我,生活目标、意义明确的人生态度。简单生活,才能活出原来的自我。

第九章　豁达从容，改变你生活状态的法宝

漫漫人生路，只有生活简单的人，才能真正成为生活的主人。简单会使你的精神有一种高尚感，心灵有一种被净化感，灵魂有一种安详感，身心有一种健康感。享受简单生活，造就不凡的人生！

所谓的完美只存在于童话故事里

有这样一个小故事：

从前，一个缺了一角的圆，想要找回一个完整的自己，到处寻找自己丢失的那一角。由于它是不完整的，滚动得非常慢，但它却领略了沿途美丽的景色，它和虫子们聊天，充分感受到阳光的温暖。它找到许多不同的碎片，但都不是自己原来的那一块，于是它坚持寻找着——直到有一天，它实现了自己的心愿。

然而，作为一个完美无缺的圆，它滚动得太快了，错过了花开的时节，忽略了身边的风景。当它意识到这一切时，它毅然舍弃了历尽千辛万苦才找到的一角。

这个哲理故事告诉我们：一味地追求完美，只能给人生留下太多的烦恼和遗憾。不能容忍美丽的事物有所缺憾，是人的一种普遍心态。对许多人来说，追求尽善尽美是理所当然的。他们从未想过，正是这种苛求完美的态度，给他们的生活带来了巨大的压力。

有一位年过七旬的老人，一生当中都在孤独地流浪。路人问他："你为什么不娶妻成家？"老人说："我在找一位完美的女人。"路人反问："那么，你流浪了这么多年，就没有遇到一个完美的女人？"老人悲伤地回答："我曾经遇到过一个。""那你为什么不娶她呢？"老人无奈地说："因为她也在寻找一个完美的男人。"其实，像这样一直在寻找完美的人很多，人人都希望凡事能够完美，但这只能追求而不能指望。最完美的人在悼词里，最完美的爱情在小说里，最完美的女人在梦里。

俗话说："金无足赤，人无完人。"人生确实有许多不完美之处，每个人都会有这样或那样的缺憾，真正完美的人是不存在的。虽然我们都想追求完美，但无人能做到真正的完美。完美只是人们给自己戴上的一个金箍，然后自己念着紧箍咒来折磨自己。

传说有一个国王，他的国家非常强盛。他的王妃美如天仙、倾城倾国，国王对她宠爱有加，整天醉心于爱情的世界里无法自拔。可是不久国王的宠妃得了急病，全国最好的医生也没能挽留住她的性命。国王悲痛欲绝，为示爱心，他为爱妃举行了盛大葬礼，并把她的尸体装入水晶制的大棺材里，停放在距离王宫不远的大殿里，日日拜祭。然而，国王认为这里环境不佳，就在灵殿周围建了精美的花园，以供香魂欢娱。后来国王又觉得这样还不能表示自己的爱意，为喻美人如水，就又建立了一个美轮美奂的人工湖，让香魂泛舟碧波。湖建好后，他又觉得缺少点缀，于是又叫人各处建亭台楼阁。后来又请世界上最好的建筑师来建造绝世的雕塑安放各处，把世上最美好的诗篇刻在石头上，但是国王总是不满意这个绝世园林，想进一步完善它。就这样一直不断地扩充和完善，使之成为集天下大成的无与伦比的园

第九章 豁达从容，改变你生活状态的法宝

林。一直扩建完善了40年，国王老了，他还在苦苦思索，以求园林更完美。最后他把目光停在爱妃的棺材上，他注视和沉思了良久，挥了挥手说："还是把它搬出这个园林吧。"

这个国王的做法似乎很矛盾，他建造园林的目的是为了能让宠妃有栖身之地，而最后却因为过分追求完美而让宠妃的棺材搬出了园林。可见，追求绝对的完美，会让我们在做事的时候产生更多的遗憾，反而会偏离做事的本意。其实，在做一件事情的时候，只要方向是正确的，就没有必要过分计较表面上的细小瑕疵和缺憾。而且，绝对完美的事情实际上是不存在的。只要我们明白了这个道理，就不会犯下过分追求完美的错误。

王小姐是一个完美主义者。她对自己要求颇高，凡事都要求做到最好，但因常常无法如愿，故总是自责。近来，王小姐对平常驾轻就熟的工作缺乏信心，睡眠也不好，感到心中惶恐，她以为自己生病了，所以来到医院检查，于是有了下面一段对话：

医生："您见过著名的维纳斯雕像吗？"

王小姐："当然见过啦。"

医生："这个雕像有一个非常显著的特征，你知道是什么吗？"

王小姐："哦，她的手臂是断的。"

医生："请您想象一下，如果我们帮她接上两只手臂，是不是会更美？"

王小姐："您真会说笑，如果那样的话，她还叫维纳斯吗？"

医生："是的，也就是说，凡事不可能完美，换言之，既然凡事不可能完美，那就说明残缺也自有一种美，那么您又为什么一定要追求工作中的完美无缺呢？这和为维纳斯接上双臂有什么区别呢？其实正是这些工作中的小小缺陷的存在，才使您更加努力地工作，力争去避免失

误,争取做得更好,那么您为什么不能容忍它们的存在而要感到焦虑不安呢?"

王小姐:"哦……是的,我好像有些明白了。"

医生:"最后,送给您一句话:'人可以不断完善自己,但永远无法完美自己。'"

生活中,很多人把追求完美当作是人生的目标,但是,越来越多的人却被对完美的追求压得喘不过气来,深受完美主义之累,把所有的心思都投入完美中,无论对生活、对工作都锱铢必较。其结果只会把自己搞得筋疲力尽。

人生没有完美可言,完美只在理想中存在。我们可以接近完美,但永远也不可能达到完美。一位哲人在日记中写道:"如果再给我一次生命,我不会再追求事事的完美。只有自己确定了终点的人,才是一个能享受到生活的快乐的人。因为快乐的人不是把一切都做得尽善尽美。"所以,我们只要心放宽一些,对自己不去苛求,对别人也不去苛求,生活就会少去许多的烦恼。

第十章　调整自我，
你会成为你想成为的人

第十章　调整自我，你会成为你想成为的人

习惯决定行为，行为产生结果

培根曾经说过："习惯是一种顽强的巨大的力量，它可以主宰人生。"的确，一个好的习惯对一个人的一生往往意义重大。

那么，习惯是什么？

按照《现代汉语词典》的权威解释，习惯是："在长时期里逐渐养成的、一时不容易改变的行为、倾向或社会风尚。"

常言道：习惯成自然。习惯一旦形成，就会成为一种定性的行为，就会变成人的一种自觉需要。它不需要别人的提醒，不需要别人的督促，也不需要人们意志力的支持，它已经变成了一种自动化的动作和行为。

人是一种习惯性的动物。无论我们愿意与否，习惯总是无孔不入，渗透在我们生活的方方面面。有调查表明，人们日常活动的90%源自习惯。然而，习惯还并不仅仅是日常惯例那么简单，它的影响十分深远。

俄国教育家乌申斯基对习惯做了一个形象的比喻，他认为："好习惯是人在神经系统中存放的资本，这个资本会不断地增长，一个人毕生都可以享用它的利息。而坏习惯是人们在道德上无法还清的债务，这种债务能以不断增长的利息折磨人，使他人最好的创举失败，并把他人引到道德破产的地步。"概括地说：一个人如果养成了好的习惯，就会一辈子享受不尽它的利息，成为一个有教养的人；反之，如果养成了坏习惯，就会一辈子都偿还不完它的债务。这就是习惯！

有个时期，美国富豪盖蒂的香烟抽得很凶，有一天，他度假开车经过法国，那天正好下着大雨，地面特别泥泞。开了好几个钟头的车子之后，他在一个小城里的旅馆过夜。吃过晚饭后他回到自己的房间，很快便入睡了。

盖蒂清晨两点钟醒来，想抽一支烟，打开灯，他自然地伸手去找他睡前放在桌上的那包烟，发现是空的。他下了床，搜寻衣服口袋，结果毫无所获。他又翻找他的行李，希望在其中一个箱子里能发现他无意中留下的一包烟，结果他又失望了。他知道旅馆的酒吧和餐厅早就关门了，心想：这时候要把不耐烦的门房叫过来，太不堪设想了。他唯一能得到香烟的办法是穿上衣服，走到火车站，但火车站至少在六条街之外。

情景看起来并不乐观，外面仍下着雨，他的汽车停在离旅馆尚有一段距离的车房里。而且，别人提醒过他，车房是在午夜关门，第二天早上六点才开门。这时能够叫到计程车的机会也等于零。

显然，如果他真的这样迫切地要抽一支烟，他只有在雨中走到车站。要抽烟的欲望不断地侵蚀他，并越来越浓厚。于是他脱下睡衣，开始穿上外衣。他衣服都穿好了，伸手去拿雨衣，这时他突然停住了，开始大笑，笑他自己。他突然体会到，他的行为多么不合逻辑，甚至荒谬。

盖蒂站在那儿寻思，一个所谓的知识分子，一个所谓的商人，一个自认为有足够的理智对别人下命令的人，竟要在三更半夜，离开舒适的旅馆，冒着大雨走过好几条街，仅仅是为了得到一支烟。

盖蒂生平第一次认识到这个问题，他已经养成了一个不可自拔的坏习惯。他愿意牺牲极大的舒适去满足这个习惯。这个习惯显然对他没有好处，他突然注意到这一点，头脑便很快清醒过来，片刻就做出了决定。

第十章　调整自我，你会成为你想成为的人

他下定决心，把那个放在桌上的烟盒揉成一团，扔进废纸篓里。然后他脱下衣服，再度穿上睡衣回到床上。带着一种解脱，甚至是胜利的感觉，他关上灯，闭上眼，听着打在门窗上的雨点声。几分钟之后，他进入了一个深沉、满足的睡眠中。自从那天晚上后他再也没抽过一支烟，也没有抽烟的欲望了。

盖蒂说，他并不是利用这件事来指责卖香烟或抽烟的人。他常常回忆这件事，仅仅是为了表示，以他的情形来说，他被一种坏习惯制服，已经到了不可救药的程度，差一点成为它的俘虏！

我们知道，常常做一件事就会成为习惯，而习惯的力量是很可怕的。我们每个人都受到习惯的束缚。习惯是由一再重复的思想和行为所养成的。有些自以为聪明的人总是不在意自己的坏习惯，结果弄得自己狼狈不堪。因此，只要能够养成正确的习惯，我们就可以掌握自己的命运。

今天的习惯决定你明天的命运。英国小说家查尔斯·里德有一句著名的话："播下一种思想，收获一种行为；播下一种行为，收获一种习惯；播下一种习惯，收获一种性格；播下一种性格，收获一种命运。"好的习惯可以使你走向成功，而坏的习惯容易耽误你一生。一个人的习惯是很难改变的，但并不是不可改变的，只要摒弃坏习惯，培养好习惯，我们就能把握住自己的命运。

美国政治家富兰克林在没有进入政坛之前，有一个不好的习惯：凡事太爱争强好胜，动不动就和别人打嘴皮官司，始终跟人难以和平相处。因为这个习惯使富兰克林失去了很多朋友。他觉悟之后，马上就着手改变自己的坏习惯，他列出了一个清单，把自己个性上他认为的那些不良习惯一一列在上面，并且从最致命的不良习惯开始，一直纠正到不足挂齿的小毛病为止。当他把自己的毛病全部改过来的时候，良好的习

惯遍布全身，如去倾听、去赞扬，能站在别人立场上想问题、去爱、多付出等，最终，他变成了美国历史上最受尊敬和爱戴的人物之一。

我们想要获得事业上的成功，就必须明白习惯的力量是如何的强大。我们必须要养成良好的习惯，同时要时时警惕，去除那些危害我们生活的坏习惯。

要改掉坏习惯，培养好习惯，只需做好三步即可。首先要分清哪些是好习惯，哪些是坏习惯。这件事是最容易的，每个人心里都清楚得很。其次是你是否想改变。这是一个比较令人头疼的问题，因为绝大多数人害怕改变，他们喜欢安于现状。尽管他们有时对现状不满，但如果真的让他们做出行动，他们就会退缩。你要记住，如果你不想改变，那你就只能看着别人成功，而你只能原地不动。最后是要行动起来。对于已有的好习惯要继续保持，对于坏习惯要坚决改掉，对于不具备的好习惯要悉心培养。我们可以先从小事做起，循序渐进。如赴约时，至少要提前五分钟到达；或如当你决定做一件事时，就应该立刻行动起来……

总之，好习惯不是天生的，而是靠后天一点点养成的，是一天天努力的结果。这就需要我们时时、处处、事事都严格要求自己，从我做起，从一点一滴的小事做起。

自我激励，用左手温暖右手

在我们每个人的生命里，潜藏着一种神秘的力量，那就是自我激励。自我激励是一个人事业成功的推动力，其实质则是一个人把握自己命运的

第十章 调整自我，你会成为你想成为的人

能力。

人们内心是渴求被激励的。我们每个人无论多么坚强，都需要勇气、力量和希望。人生的旅途就像马拉松赛跑，一路上虽然有人为我们喝彩、鼓掌、加油，但这些都只是外在因素，真正的力量，来自自我，来自内心。所以，在面对逆境时，我们要学会自我激励，以积极的心态去应对困难。

心理学家史金诺经由动物实验证明：因好行为受到奖赏的动物，其学习速度快，意志力也更坚定；因坏行为而受到处罚的动物，则不论速度或持久力都比较差。哈佛大学心理学家们研究发现，一个没有受激励的人，仅能发挥其能力的20%～30%，而当他受到激励后，所发挥的能力相当于激励前的三到四倍。而这种激励，要通过本人对自己的鼓励或者外部的刺激来完成。

人生的成长，有时需要师长的帮助、大众的扶持、领导的提携、朋友的勉励；但是光靠别人，就像仅仅往血管里注射营养剂，是不能从根本上强身健体的；最重要的，还是要靠自己。事业上的成功者，大都是懂得自我激励的人。

在18世纪，有100多名德国青年先后加入驾船横渡大西洋的冒险行列，但是这100多名青年均未生还。当时人们普遍认为，横渡大西洋是完全不可能的。这时，精神病学专家林德曼向世人宣布：他将独身横渡大西洋这一死亡之海。理由是，他想用自己做个实验，证明强化信心、自我激励，对人的心理和肌肉会产生什么样的效果。

林德曼独身出航十几天后，船舱进水，巨浪打断了桅杆。林德曼筋疲力尽，浑身像被撕成碎片一样疼痛，加上长期睡眠不足，他开始产生幻觉，肢体渐渐失去知觉，在他的意识中常常出现死去比活着舒服的念头。但他马上对自己说："懦夫，你想死在大海里吗？不，我一定要战

胜死亡之海！"在整个航行的日日夜夜里，他不断地对自己说："我能成功，我一定要成功！"这句激励的话，成为控制他意识的唯一意念，从而产生无限的潜能。结果怎样呢？被人认为早已葬身鱼腹的他，却奇迹般地到达了大西洋彼岸。

　　林德曼只身横渡大西洋，给世人留下了很多宝贵的经验，尤其值得记住的是，他发现了以前100多名先驱者遇难的真正原因：既不是船体的翻覆，也不是生理能力到了极限，而是由他们精神上的绝望导致的勇气和信心的失去。

　　的确，人处于无法忍受的状态时，最需要的就是激励。然而一个人最先听到的激励声是来自于你自己的心语。无论如何，没有其他人可以像你自己了解你自己、那样激励你自己。别人的激励是对你的支持，自我的激励会带给你无穷的力量。

　　其实，人的一切行为都是受到激励而产生的，通过不断的自我激励，就会使你有一股内在的动力，朝向你所期望的目标前进，最终取得成功。成功总是属于不懈努力和不断的自我激励的人的。

　　以下方法可以帮你进行自我激励，塑造那个你一直梦寐以求的自我：

　　1. 保持良好的心态。良好的心态，有助于你摆脱挫折感，在受挫折时不断地给自己好的心理暗示，多想一些让自己兴奋和开心的事情，多想想事情积极的一面。

　　2. 调高目标。真正能激励你奋发向上的是：确立一个既宏伟又具体的远大目标。许多人惊奇地发现，他们之所以达不到自己孜孜以求的目标，是因为他们的主要目标太小，而且太模糊，使自己失去主动性。如果你的主要目标不能激发你的想象力，目标的实现就会遥遥无期。

　　3. 把握好情绪。人开心的时候，体内就会产生奇妙的变化，从而获得新的动力和力量。但是，不要总想在自身之外寻开心。令你开心的事不在别处,就在你身上。因此,找出自身的情绪高涨期用来不断激励自己。

4. 适当给自己奖励。当自己完成一个阶段性的任务,或取得阶段性成果的时候,要给予自己适当的奖励,以保持自己的状态,同时展望下一个目标时。

勇于挑战,幸运之神才会青睐你

人生最大的挑战就是挑战自己,这是因为其他敌人都容易战胜,唯独自己是最难战胜的。有位作家说得好:"自己把自己说服了,是一种理智的胜利;自己被自己感动了,是一种心灵的升华;自己把自己征服了,是一种人生的成熟。但凡说服了,感动了,征服了自己的人,就有力量征服一切挫折、痛苦和不幸。"

一位武学高手在一场典礼中,跪在武学宗师的面前,正准备接受得来不易的黑带。经过多年的严格训练,这个徒弟武功不断精进,终于可以出人头地了。

"在颁给你黑带之前,你必须再通过一个考验。"武学宗师说。

"我准备好了。"徒弟答道,心中以为可能是最后一回合的拳术考试。

"你必须回答最基本的问题:黑带的真义是什么?"

"是我学武历程的结束,"徒弟不假思索地回答,"是我辛苦练功应该得到的奖励。"

武学宗师等了一会儿,他显然不满意徒弟的回答,他开口了:"你还没有到拿黑带的时候,一年后再来。"

一年后,徒弟再次跪在武学宗师面前。

"黑带的真义是什么?"宗师问。

"是本门武学中杰出和最高成就的象征。"徒弟说。

武学宗师等着,过了好几分钟都没有说话,显然他还不满意,最后他说道:"你还没有到拿黑带的时候,一年后再来。"

一年后,徒弟又跪在武学宗师面前。

"黑带的真义是什么?"

"黑带代表开始,代表无休止的纪律、奋斗和追求更高标准的历程起点。"

武学宗师说:"好,你已经准备就绪,可以接受黑带和开始奋斗了。"

人生是一个不断发展,不断超越自我的过程,而只有那些在这个过程中不断自我挑战的人,才是真正的胜者。

人活在世上,不能只贪图安逸享受。慵懒自私的人,永远也享受不到人生的真正乐趣。只有努力创造,全力拼搏,不断超越,才能让你在激烈的竞争中占有自己的位置,使生命的碰撞发出耀眼的火花。

人生是一条奔腾不息的河流,永远不会停留在一个地方,也不会停留在某一阶段,它需要你不断地挑战。挑战,是升华、是突变,是人生不可缺少的阶段。正是这种挑战,才使人类从愚昧无知的远古时代走到文明昌盛的今天。

第十章　调整自我，你会成为你想成为的人

只要用心去做，一切皆有可能

人的一生中有一项不可否认的事实：只要是人类可以用心去做的事情，都有可能获得成功。英国大作家约翰生曾说过："在勤奋和技巧之下，没有不可能成功的事情。"的确，世上没有做不到的事情，只有你想不想做。或许当你做一件事情的时候会遇见很多的困难，但只要你发自内心地想做，最后还是会成功的。

人生没有达不到的高度，只有不愿攀登的心。如果你认为自己的愿望永远不可能实现，那它也永远只能是你的愿望；如果你相信愿望终会变成现实，那这就没有什么不可能。不要在心里为自己设限，那将成为你无法逾越的障碍。很多事情看似不可能，但只要你换一种方式去做，并排除固定观念的束缚，很多"不可能"都会变成"可能"。

拿破仑·希尔博士是美国成功学的创始人，他在年轻时就想当一名作家，但我们知道，一个人要想在写作方面功成名就，非要有过硬的文字功底和语言功底，尤其是对于用英文写作的拿破仑·希尔来说，他要实现作家的梦想，就必须更精于遣词造句，那么字典就成了他的写作必备的参考工具。

可是，拿破仑·希尔在小的时候，由于家里很穷，没有接受系统的教育，所以好多人认为，他要实现做作家的理想，简直是异想天开，白日做梦，那根本是不可能实现的。但是，年轻的拿破仑·希尔并没有因为他人的嘲笑和打击而停滞不前，他用努力打零工挣来的钱，买来了一本最好的、最完整的、最漂亮的字典，他认为在这本字典里，他所需要的单词都将无所不包。但是，他想到朋友们的劝诫，朋友们认为他要实现当作家的梦想，那是根本不可能的，于是他做了一件很奇特的事。他找到"不可能"这个词，用剪刀把它剪下来，然后丢掉，于是他便有了一本没有"不可能"的字典。

以后，拿破仑·希尔把整个事业建立在没有"不可能"的前提下，他刻苦钻研，不停地写作，最终成为美国商政两界的著名导师，被罗斯福总统誉为"百万富翁的铸造者"。

由此看来，只要你从你的心中把"不可能"这个观念铲除，从你谈话中将它剔除，从你的想法中将它排除，从你的态度中将它扫除；不要为它提供理由，不再为它寻找借口，把这个观念永远地抛弃，用光辉灿烂的"可能"来替代，你就能够将不可能变为可能。

在现实生活中，人们时常会遇到这样或那样的困难，看起来它好像没有什么解决的办法，其实，只要用心去做，一切皆有可能。

美国汽车制造商亨利·福特在取得成功之后，便成了众人羡慕的人物。

多年前，亨利·福特决定改进著名的T型车的发动机的汽缸。他要制造一个具有铸成一体的八个汽缸的引擎，便指示工程人员去设计。可是，当时所有工程技术人员无不认为，要制造这样的引擎是不可能的。虽然面对的是老板，他们还是一口回绝了他这样的"无理要求"。

听完技术人员的介绍后，福特没有气馁，他用无可反驳的语气说："无论如何要生产这种引擎！"

"但是，"他们回答道，"这是不可能的。"

第十章 调整自我,你会成为你想成为的人

"我是绝不相信任何不可能的。去工作吧!"福特命令道,"坚持做这件工作,无论要用多少时间,直到你们完成了这件工作为止!"

负责技术的员工只好去工作了。六个月过去了,工作没有任何进展。又过了六个月,他们仍然没有成功。这些工程人员愈是努力,这件工作就似乎愈是不可能。

在这一年的年底,福特咨询这些工程人员时,他们再一次向他报告他们无法完成他的命令。"继续工作!"福特义无反顾地说,"我需要它,我决心得到它。哪怕它是一只老虎,我也有勇气擒住它!"

最后的情形是怎样的呢?后来这种发动机被生产出来并装到最好的汽车上了,这使福特和他的公司把他们最有力的竞争者远远地抛到了后面。

生活中,确实有许多的不可能在我们心中,它无时无刻不在侵蚀着我们的意志和理想。其实,这些不可能大都是人们的一种想象,只要能拿出勇气主动出击,那些不可能就会变成可能。人的潜能是巨大的,一个人只有具备积极的自我认知,才会知道自己是个什么样的人,并知道自己能够成为什么样的人,从而他才能积极地开发和利用自己身上的巨大潜能,将不可能的事变成可能,干出非凡的事业来。

行大于思,让行动见证卓越

古人云:"事虽小,不为不成;路虽近,不行不到。"意思是说:看似很小的事情,你不去做便不能成功;很短的一段路程,如果不去走,那么

也不会到达终点。成功需要你将思想转化为行动，只有行动起来你才会收获成功。

行动是成功的保证，只有行动才会产生结果。任何伟大的目标、伟大的计划，最终必须落到行动上才能实现。正如乔治·马萨森所说："我们获胜不是靠华丽的空想，而是靠不断努力的行动。"

大家知道伊利诺理工学院是如何创立的吗？一天，有一位在读的大学青年，向校长提出了若干改进大学制度弊端的建议。但是他的意见没有被校长接受。于是，他做了一个重要决定——自己办一所大学。他要自己来当校长，以消除这些弊端，在当时，办学校至少需要100万美元。

这可是笔不小的数目，上哪找这么多的钱呢？等到毕业以后再挣？那太遥远了。

他将自己封闭起来，每天都待在寝室里苦思冥想如何能赚100万美元的各种方法，他坚信自己可以筹到这笔钱。面对他的妄想，同学们都认为他有神经病，劝他实际一些，不要妄想。

终于有一天，他意识到，这样下去是永远也不会有答案的，他决定不再思考，而是付出行动。于是，他采用一个在前些日子里想出的计划，决定给报社打电话，说他准备举行一个演讲会，题目是"如果我有100万美元"。

他给无数家报社打了电话，说明他的想法，但是没有一家报社理他，更有一些报社取笑他的"无知、天真"。最后，终于有一个报社的社长被他的诚意和精神打动，告诉他后天有一个慈善晚会，在晚会上允许他发言，但时间只有15分钟。

那是场盛大的慈善晚会，吸引了许多商界人士。面对台下诸多成功人士，他鼓起勇气，走上讲台，发自内心、充满激情地说出了自己的构想。最后，待他演讲完毕，一个叫菲利普·亚默的商人站起来说："小

第十章 调整自我，你会成为你想成为的人

伙子，你讲得非常好。我决定投资100万，就照你说的办。"

就这样，年轻人用这笔钱办了一所自己梦寐以求的大学，起名为亚默理工学院，它就是现在著名的伊利诺理工学院的前身。他实现了自己的梦想。

可见，行动决定结果。如果说敢想就是成功了一半，那么另一半就是行动。

说一尺不如行一寸。一切美好的愿望都需要我们去执行，没有果敢的行动，那么，再美好的梦想都只能化作泡影。《英国十大首富成功秘诀》一书中曾这样分析当代英国顶尖成功人士，该书指出："如果将他们的成功归因于深思熟虑的能力和高瞻远瞩的思想，那就太片面了。他们真正的才能在于他们审时度势然后付诸行动的速度。这才是他们最了不起的，这才是使他们出类拔萃、居于实业界最高职位的原因。什么事一旦决定马上就付诸实施是他们的共同本质，'现在就干，马上行动'是他们的口头禅。"我们在思考与决定之后就应该勇敢地去做。只有立即动手的人才能够抓住转瞬即逝的机会，也只有立即动手的人才能够很快地将自己的想法付诸行动，而将自己的想法付诸行动才能够将想象的结果变为现实。

美国的成功学专家格林在演讲时，时常对观众开玩笑地说，美国最大的快递公司(联邦快递)其实是他创办的。格林的确有过这个想法，但是我们相信世界上至少还有一万个和他一样的创业家也想到过同样的主意。格林事业刚刚起步时，每天都生活在要在时限内将文件从美国的一端送到另一端的时间缝隙中。当时格林曾想到，如果有人能够开办一个将重要文件在24小时之内送到任何目的地的服务，该有多好！这个想法在他脑海中驻留了好几年，一直到有一个名叫弗列德·史密斯的人真的把这个主意转换为实际行动为止。

成功者的路有千条万条，但是行动却是每一个成功者的必经之路，也是一条捷径。也许你早已经为自己的未来勾画了一个美好的蓝图，但是它同时也给你带来烦恼，你感到自己迟迟不能将计划付诸实施，你总是在寻找更好的机会，或者常常对自己说：留着明天再做。这种做法将极大地影响你的做事效率。因此，要获得成功，必须立刻开始行动。

美国亚特兰大市，因为曾经举办过奥运会而闻名于世，然而，这个城市在举办1996年奥运会之前其实不过是美国一个很不起眼的城市。但是举办奥运会这个伟大的结果最终还是出现了。这要归功于比利·佩恩的勇气与不懈的努力。

当比利·佩恩最初在1987年产生申办奥运的想法时，就连他的朋友都怀疑他是否丧失了理智。但是他相信的是自己的行动，他坚信最终的结果只有在行动之后才会出现。而在这之前的一切说法都不过是自己的臆测。他放弃了律师合伙人的职位，全身心地投入这项活动中来。他开始四处奔走，并以最大的努力获得了市长的大力支持，组建了一个合作小组，然后用极大的热情说服了众多大公司向他们的小组投入资金，并且在世界各地巡回演讲寻求支持。他们每到一个地方就搞一个"亚特兰大房舍"，邀请国际奥委会的代表共进晚餐，以增进代表们对亚特兰大的了解。

时间一点点累积，努力也一点点在累积，最终在比利·佩恩和他的同伴们的努力与行动下，国际奥委会打破传统做法和惯例，将1996年奥运会的主办权交给了第一次提出申请的美国城市亚特兰大！

比利·佩恩曾经这么说过："我一直都有这样的观点，我不喜欢周围消极的人，我们不需要有人经常提醒我们某件事成功的可能性不大；我们需要那些积极向我们提供策略和解决问题的方法的人。我们最终实

第十章 调整自我，你会成为你想成为的人

际上是靠我们自己来做事，并且我们有意识地做出决定要从自己的失败中学习到经验教训。"

比利·佩恩和他的团队之所以取得这样的成功，就是因为他们明白这样一个道理：无论是怎么样的结果都只有在真正行动之后才会出现。这是任何人在面对自己从来没有做过的项目的时候应该牢牢记住的一点。只有这样你才会有勇气去面对一切困难，从而获得在别人或者自己看来都是不可能获得的一切。

行动才会产生结果，行动是成功的保证。美国联合保险公司的创办人和总裁克莱门特·斯通就从他坎坷的创业史中由衷地感慨："我相信，'行动第一！'这是我最大的资产，这种习惯使我的事业不断成功。"毫无疑问，那些成大事者都是勤于行动和能巧妙行动的大师。在人生的道路上，我们需要的是：用实际行动来证明自己，并且兑现曾经心动过的金点子。

将压力转换为成功的动力

社会的进步、科技的发展、日趋激烈的竞争，不仅为我们带来了前所未有的便利与快捷，也给我们带来了巨大的压力。每一个人都感到在看似轻松的时代，压力无处不在，危机十面埋伏。著名催眠治疗师布赖思·罗特说："只有死人，才没有压力。"的确，生活中压力无处不在，压力本身就是生活的一部分。压力的大与小，能不能承受与疏解，关键在于面对压力时，你自己的心态与应对的方法。

为人处世智慧书

大多数人可能认为，压力是一种消极因素，殊不知压力在某种意义上更是促使人积极向上的动力。压力越大，动力也就越大，只有不断在压力中获得重生的人才能茁壮成长。

有一哲人说过："要想有所作为，要想过上更好的生活，就必须去面对一些常人所不能承受的压力，你得像古罗马的角斗士一样去勇敢地面对压力，战胜压力，这就是你必须走的第一步。"的确，压力中潜藏着人们成长的机缘。哪里有压力，哪里就有成长的契机。

对于强者，压力从来就不是包袱。因为适当的压力会转化为个人的动力，它有利于人们保持良好的状态，挖掘自己的潜能，提高个人的能力。

"铁人"王进喜说："油井没有压力打不出油；人没有压力做不好工作。"有压力才有动力，对任何人都一样。

有一位知名泰国企业家因玩腻了股票，想尝试做一些其他的事，他把目光投向了房地产，他把自己全部的积蓄和银行贷款全部投了进去，在曼谷市郊盖了15幢配有高尔夫球场的豪华别墅，但时运不济，他的别墅刚刚盖好，就面临亚洲金融风暴肆虐，他的别墅一栋也卖不出去，贷款也还不起，这位企业家只能眼睁睁地看着别墅被银行没收，连自己住的房子也被拿去抵押，自己还欠了一屁股的债。

这位企业家一时被突如其来的巨大压力压得心情低落到了极点，他怎么也没想到对做生意一向轻车熟路的自己会陷入这种悲惨的境地。

他决定重新白手起家，他的太太是做三明治的能手，于是她就建议丈夫去街上叫卖三明治，企业家经过一番思索后答应了。从此曼谷的街头就多了一个头戴小白帽、胸前挂着售货箱的小贩。

昔日的亿万富翁沿街卖三明治的消息传到大街小巷，有的顾客出于好奇，有的出于同情，买三明治的人越来越多，许多人吃了这位企业家亲手做的三明治后，被这种三明治的独特口味所吸引，于是消费者就

第十章 调整自我,你会成为你想成为的人

经常光顾,回头客不断增多。现在这位泰国企业家的三明治生意越做越大,他慢慢地走出了人生的低谷。

他叫施利华,几年来,他以自己不屈的奋斗精神赢得了人们的尊重。在1998年泰国《民族报》评选的"泰国十大杰出企业家"中,他名列榜首。作为一个创造过非凡业绩的企业家,施利华曾经备受瞩目,在他事业的鼎盛期,他认为自己尊贵得像城堡中难得一见的皇帝。然而,当他失意时,习惯了发号施令的施利华亲自推车叫卖三明治,这无疑需要极大的勇气。然而,他顶住了压力,成功了。

勇于接受挑战并承担压力,是人们获得事业成功的一个重要保证。这个世界永远都不会缺乏优秀者,但只有少数人能获得成功。这并不是因为一时运气光顾,也不是机遇青睐,而是这些人具备足够的抗压能力。在困难面前,当人们都怯懦的时候,成功者却展现出拼搏的勇气,在挫折面前,当很多人产生放弃念头的时候,成功者却敢于再次尝试,从失败中一次次累积经验,这才使他们能够最终打开通往成功的大门。一个人如果没有足够的抗压能力,那他就不能突破逆境的考验,无论做什么事情,都将无法取得成功。

海伦·凯勒在一岁多的时候,因为生病,从此眼睛看不见了,并且又聋又哑了。由于这个原因,海伦的脾气变得非常暴躁,动不动就发脾气摔东西。她家里人看这样下去不是办法,便替她请来一位很有耐心的家庭教师莎莉文小姐。海伦在她的熏陶和教育下,逐渐改变了。她利用仅有的触觉、味觉和嗅觉来认识四周的环境,努力充实自己,后来更进一步地学习写作。几年以后,当她的第一本著作《我的一生》出版后,立即轰动了全美国。

在她的《假如给我三天光明》一文中,更是表达出了她的坚强、乐观和向上的精神,而这一切都该归功于她对生活的认识。

当把失明仅仅当作一种压力的时候，她痛苦惆怅，所以她不能真正面对生活；当她把压力化作动力的时候，生活就选择了她。

在现实生活中，相信绝大多数的人所面对的情况都不会有海伦·凯勒那么糟，她尚且能够凭借坚强的意志力和积极乐观的精神化压力为动力，取得令人瞩目的成就；对我们正常人来说，又何尝不应如此去做呢！

俗话说："有压力就有动力。"在压力下工作和生活，是每个人的常态。所以，我们不必逃避，要以积极的态度去疏导、去化解压力，并将压力转化为自己前进的动力。

改进自己，反思才能让你日臻完美

自省即自我反省，它是一个人得以认识自己、分析自己，并有效提升自己能力的最佳途径之一。自省，是对自己的行为思想做深刻检查和思考和修正人生道路的一种方法。

一般来说，能够时时反省自己的人，是非常了解自己的人。他们会时时考虑：我到底有多少力量？我能干些什么事？我的缺点在哪里？我有没有做错什么？……这样一来，他们能够轻而易举地找出自己的优点和缺点，为自己以后的行动打下基础。

善于自我反省的人，生活中处处都是提升自我能力的机会。古今中外许多伟人，就是通过反省来战胜自己内心的敌人，打扫自己思想灵魂深处的污垢尘埃，减轻精神痛苦，从而净化自己的精神世界。

第十章　调整自我，你会成为你想成为的人

列夫·托尔斯泰在青年时期，曾有过一段放荡的生活，有一些不良习惯，如贪玩等。但不久，他立即醒悟。他认为，自己的放荡行为等同于浪费生命，对自己十分不满。他又把错误的原因详细列出来，写在日记本上，共有八点：1. 缺乏刚毅性；2. 自己欺骗自己；3. 有少年轻浮之风；4. 不谦逊；5. 脾气太躁；6. 生活太放纵；7. 模仿性太强；8. 缺乏反省。这一次反省，好像一个霹雳打在他的身上。他决心结束放荡生活，改正不良习惯，于是他跟他哥哥尼古拉来到高加索，在炮兵队里当了一个下级军官，并迈上文学创作之路。

人非圣贤，孰能无过。人活在世上，谁都难免有这样或那样的缺点和不足之处，谁都难免有丑陋的一面。就连爱因斯坦都说，他的错误占90%。那么普通人身上的错误就更不用说了。所以，每个人都要经常跳出自身反省自己，取出自己的心，一再地检视它，这样才能真正了解自己。

法国牧师纳德·兰塞姆去世后，安葬在圣保罗大教堂，墓碑上工工整整地刻着："假如时光可以倒流，世界上将有一半的人可以成为伟人。"一位学者在解读兰塞姆手迹时说："如果每个人都能把反省提前几十年，便有50%的人可能让自己成为一名了不起的人。"他们的话，道出了反省之于人生的意义。

一个善于自我反省的人，往往能够发现自己的优点和缺点，并能够扬长避短，发挥自己的最大潜能；而一个不善于自我反省的人，则会一次又一次地犯同样的错误，不能很好地发挥自己的能力。所以经常自我反省很重要。

富兰克林有一个习惯，每天晚上都把一天的情形重新回想一遍。他发现他有13个很严重的错误，下面是其中的三项：1. 浪费时间；2. 为小事烦恼；3. 和别人争论、冲突。聪明的富兰克林发现，除非他能够减少

这一类的错误，否则不可能有什么成就。所以他一个礼拜选出一项缺点来与其搏斗，然后把每一天的输赢做成记录。在下个礼拜，他另外挑出一个坏习惯，准备齐全，再接下去做另一场战斗。富兰克林每个礼拜改掉一个坏习惯的战斗持续了两年多。

难怪他成为美国历史上最受人敬爱也最具影响力的人之一。

反省自我，需要认真谦恭的态度。在认识到自己的不足后，我们应该用心反省自己的错误，努力改进自己的不足之处。仔细地寻找解决问题的方法才能救我们于万丈深渊之下，不切合实际地臆想只会使人陷入更深的泥潭。

荀子在《荀子·劝学》中写道："君子博学而日三省乎己，则知明而行无过矣。"说的就是道德高尚的人一方面要博学，一方面要反求自身，这样才能知识日增，防患于未然，减少过失。懂得自省，人格才能不断趋于完善，人才能慢慢地走向成熟。通过自省，做人才会越来越成功，生活才会越来越幸福。

春秋时期，齐国的宰相管仲是一个很善于反省的人。

有一次，齐桓公出门打猎，因追逐一头鹿而走进了一个山谷，看见一个老翁，于是就问："这叫什么谷？"老翁回答说："这叫愚公谷。"齐桓公问："为什么叫愚公谷？"老翁回答说："这是因为我而得名的。"齐桓公说："现在看你的仪容，不像个愚人，为什么说因你而得名呢？"老翁回答说："您听我慢慢说：从前我养了一头母牛，生了一头小牛，小牛长大后，我把它卖掉了，又买了一匹小马驹。有个不良少年看见了，对我说牛不能生马驹，于是他就牵着我的小马驹离开了。我的邻居听说这件事后，认为我很愚蠢，所以就把我住的这个山谷叫作愚公谷。"齐桓公说："你实在太愚蠢了。你为什么让他把你的马驹牵走呢？"说完，齐桓公就回去了。

第十章　调整自我，你会成为你想成为的人

第二天，齐桓公无意中对管仲说起了这件事。出人意料的是，管仲听后非常严肃。他整了整衣襟，躬身拜了两拜，说："这是我愚蠢啊。假如尧还在位，皋陶掌管司法，哪会出现抢人家马驹的人呢？就算是像老翁一样的人，如果遇到强横的人，也一定不会把马驹给他的。那位老翁知道如今司法诉讼还没有走上正轨，宁肯被别人勒索，也不愿请官员出面伸张正义。我请求现在修明政治。"

反省是人的一项重要的技能，它是一种自我检查的活动，还是一种学习能力，是认识错误、改正错误的前提。无数事实证明，自我反省能力能够促使人更快地成功。通过反省并及时修正错误，人们就能够不断地调整自己的心态和做事方法。所以说掌握了自我反省的能力，就等于掌握了自我完善和通往成功的秘方。

美国通用电气公司CEO（首席执行官）韦尔奇虽然在任时工作很忙，但是每个星期的星期六晚上，他总要抽出一晚的时间，把自己关在书房里，安安静静地检查反思自己：自己在工作上有什么没做好，哪些地方今后应该继续做好，自己有没有武断地做出主观的决定？对于这每周必做的功课，他的理由是：若每年检查一次则一年有12次机会改正错误；若每天衡量一次，则一年就有300多次机会改正错误。所以，衡量次数增多，机会当然会相对增加。因为韦尔奇的工作实在太忙了，所以只能一周一次。正因为这样，韦尔奇才能领导着危机重重的通用公司一步步走向辉煌。

花一点点时间好好反省自己，你的人生道路就会大大改观。韦尔奇之所以取得这么大的成就，不能不说这和他坚持自我反省有着巨大关系。

"见贤思齐焉，见不贤而内自省也。"我们应不断自省，找出新方向、

新办法，为自己加分。自省贵在自觉，我们要经常反思自己的思想和行为，进行自我解剖、自我批评，及时更正自己的过错。

自我反省是认识自我、发展自我、完善自我和实现自我价值的最佳方法之一。我们每个人要将反省自己作为日常生活的一个重要组成部分。我们要不断地审视自己行为中的不足，及时地反思自己失误之原因，不断地完善自我。我们不妨在每天结束时，好好问问自己下面的问题：

1. 我今天学到了什么？
2. 今天有什么新主意？
3. 工作中遇到了哪些困难？
4. 距离昨天定下的目标有多远？
5. 今天身体感觉怎么样？
6. 为什么今天过得开心（不开心）？
7. 如果感觉不好，为什么？

真诚地面对这些我们自己提出的问题就是反省，其目的就是让我们不断地突破自我的局限，省察自己，开创成功的人生。